Martin Kluger

# Wege zum Welterbe Wasserwirtschaft

Das UNESCO-Welterbe in Augsburg.
Denkmäler, Fußwege und Radtouren

context verlag Augsburg
www.context-mv.de

# Inhaltsverzeichnis

**UNESCO-Welterbe in Augsburg –
Wege zur historischen Wasserwirtschaft**

# Inhalt

## Augsburger Welterbe



## Augsburger Denkmäler

# Inhalt

# Inhalt

# Augsburger Welterbe

## Die „offiziellen“ Denkmäler der UNESCO-Welterbestätte – und einiges mehr

*„Alles kommt vom Wasser." Diese Erkenntnis vermitteln die beiden Nymphen und ein Gemälde über dem Nordportal des Goldenen Saals im Augsburger Rathaus.*

## UNESCO-Welterbe in Augsburg – hier wird das Wasser sogar dort gefeiert, wo keines ist

Wasserknappheit und Wasserkrise, Wasserkriege und internationale Konflikte um das Wasser sind Probleme, auf welche die Menschheit absehbar zusteuert. Der eine Teil der Menschheit lebt aus natürlichen Gründen mit ständigem Wassermangel (den jedoch der Klimawandel verschärft), der andere Teil verprasst und verschmutzt dieses überlebensnotwendige Nass achtlos, als gäbe es einen zweiten Planeten. Der Wert des Wassers ist sicherlich einer der Gründe, warum das Welterbekomitee am 6. Juli 2019 entschied, das „Augsburger Wassermanagement-System", die historische Augsburger Wasserwirtschaft, in die Liste des UNESCO-Welterbes aufzunehmen. Ein zweiter Grund dafür war wohl, dass auf der Liste der UNESCO-Welterbestätten die für Augsburg so typische Verbindung von Süßwasserbewirtschaftung und Industriekultur noch immer eher selten ist. Der dritte Grund dafür, die historische Augsburger Wasserwirtschaft als welterbewürdig anzuerkennen, ist vermutlich darin zu suchen, dass diese Stadt ihren Wasserreichtum seit einem halben Jahrtausend nicht nur vielfältig genutzt, sondern auch geschützt, geschätzt und gefeiert hat.

Wo folgt man in Augsburg den Spuren des Wassers und des Welterbes? Es ist schon ein bisschen verrückt: Ausgerechnet da, wo kein Kanal, kein Bach und kein Fluss verläuft, überliefern gleich zwei ziemlich einzigartige Denkmäler, wie wichtig und wertvoll den Augsburgern

*Der Augustusbrunnen vor dem Augsburger Rathaus ist nicht nur ein großes Kunstwerk, er ist auch thematisch einmalig: Vier Beckenrandfiguren (hier der Lech) bilden ein Denkmal lokaler städtischer Wasserwirtschaft.*

ihr Wasserreichtum war – und das bereits vor rund 400 Jahren. Im Herzen des Stadtzentrums, quasi in der „guten Stube" der Reichsstadt wie der heutigen bayerischen Großstadt, im prachtstrotzenden Goldenen Saal des prunkvollen Renaissancerathauses, stößt man auf das erste dieser Denkmäler. Über dem Nordportal prangt ein 1620 geschaffenes Ölgemälde, das die Hauptgewässer Augsburgs darstellt – die beiden Gebirgsflüsse Lech und Wertach als kraftvolle Männer, den Mühlenfluss Singold und den kleinen Brunnenbach als zarte Frauen und in der Mitte als Jüngling den Senkelbach. Jung war er deshalb, weil man seinerzeit erst seit wenigen Jahren Wertachwasser in den trockengefallenen Oberlauf der auch Sinkel(t) oder Senkel genannten Singold leitete. Der Senkelbach sollte im 19. Jahrhundert zu einem der wichtigsten Industriekanäle der Stadt werden.

Die beiden geschnitzten und vergoldeten Nymphen beiderseits des Ölgemäldes aber überbrachten der Reichsstadt mit den griechischen Inschriften auf ihren Attributen die Botschaft vom Wert des Wassers. Die Kanne der rechten Nymphe trägt die Inschrift: „Alles kommt vom Wasser". Die Muschel der linken Figur trug ursprünglich die Inschrift „Das beste Geschenk", womit gleichfalls das Wasser gemeint war. Heute steht dort in griechischen Buchstaben zu lesen: „Aristokrates": Wahrscheinlich hat sich ein Restaurator, der an der Rekonstruktion des Goldenen Saals beteiligt war, mit dieser Nymphe einen kleinen Scherz erlaubt.

*Der Große Wasserturm und der Kleine Wasserturm des Wasserwerks am Roten Tor sind der Nukleus des ältesten bestehenden Wasserwerks Mitteleuropas, das als Architekturensemble komplett erhalten blieb.*

Nicht wegen dieses Scherzes, sondern weil dieses Portal im 1944 zerstörten Rathaus samt seinen Nymphen und dem Ölgemälde ein Replikat ist, konnte dieses Denkmal der Wertschätzung des Wassers nicht Welterbe werden. Ganz anders dagegen der Augustusbrunnen vor dem Rathaus, auch wenn die Originale seiner Bronzefiguren heute (vor Witterung, Luftschadstoffen und Vandalismus geschützt) im Viermetzhof des Maximilianmuseums ausgestellt werden. Dieser Brunnen ist einer der 22 „offiziellen" Denkmäler der UNESCO-Welterbestätte.

Es gibt in Europa wohl keinen zweiten Brunnen, dessen Figuren die lokale Wasserwirtschaft feiern: Die Augsburger Beckenrandfiguren verkörpern (jeweils männlich) den Lech und die Wertach sowie (weiblich) die Singold und den Brunnenbach. Die Attribute der vier Figuren zeigen, wie diese Gewässer genutzt wurden: Ein Floßruder verweist auf die Flößerei auf dem Lech, ein Fischernetz und ein Fisch auf die Fischerei in der Wertach, ein Kammradviertel auf den Mühlenfluss Singold und die Wasserkanne auf das klare Trinkwasser, das der Brunnenbach spendete. Die jeweiligen Krönchen dieser Personifikationen – Fichtenkranz und Eichenlaub, Ähren und Wassertropfen – kennzeichnen nicht nur ihren jeweiligen Naturraum und damit ihre Herkunft, sondern ihr Platz auf dem Beckenrand verweist auch noch wie ein Kompass auf ihre Lage außerhalb der Stadtmauern. In anderen Städten saßen Neptun und Meeresmischwesen, Nymphen und die Verkörperungen großer Flüsse wie des Nils oder des Tibers auf

*Um 1600 hat Augsburg die Wertschätzung des Wassers mit europaweit beachteter Brunnenkunst wie dem Herkulesbrunnen in zentralster Lage deutlich gemacht.*

dem Beckenrand. Ein „Kunst-Denk-Mal" lokaler Wassernutzung von vier Gewässern findet sich sonst nirgendwo. Nur ähnlich konkret ist der Wittelsbacherbrunnen in einem Hof der Münchner Residenz, wo vier Figuren auf dem Beckenrand – jeweils als Wasserschütter mit einem Krug in der Hand – immerhin die großen Flüsse Donau und Lech, Isar und Inn verkörpern: Doch von München sind drei der vier Gewässer weit entfernt. Und Wasserschütter sind nur ein aus Italien importiertes und doch eher allgemeingültiges Motiv. Fast parallel – zur gleichen Zeit und modelliert vom selben (von den reichen Fuggern vermittelten) Bildhauer Hubert Gerhard – verfeinerte die Reichsstadt diese motivische Idee vom Allgemeinen ins handfest Konkrete.

Der Augsburger Augustusbrunnen besitzt also eine Alleinstellung, und er steht damit prototypisch für die gesamte Augsburger Wasserwirtschaft. Prächtige Brunnen gab es in zahlreichen Städten und Residenzen. Auch Kanäle waren nichts Besonderes, denn die nutzte fast jede europäische Stadt, die in einem weiten Flusstal lag. Wasserhebung gab es auch andernorts, und Druckwindkessel sowie stromerzeugende Wasserkraftwerke an vielen Orten schon deutlich früher. Das alles aber zumeist früh und vernetzt, in einer lückenlosen Abfolge aller hydrotechnischen Innovationen sowie bestens überliefert durch Baudenkmäler, Modelle und Handschriften, Skizzen und Drucke über einen Zeitraum vom 13. bis zum 20. Jahrhundert? Das gibt es nur hier, und deshalb ist Augsburgs Wasserwirtschaft UNESCO-Welterbe. Im Übrigen hat Augsburg wohl spätestens seit dem 15. Jahrhundert das

*In der Zirbelnussbrücke beim Unteren Wasserwerk am Mauerberg kreuzt Antriebswasser im Inneren Stadtgraben das Treibwasser im Stadtbach.*

Fluss- und Quellwasser – also Treibwasser und Trinkwasser – fein säuberlich getrennt. Warum, weiß bis heute niemand. Dennoch wurde hier Wasserhygiene betrieben, noch ehe der Begriff „erfunden“ war, denn von Bakterien und Keimen konnte zu Beginn der Frühen Neuzeit noch niemand etwas wissen. Man achtete hier dennoch – anders als beispielsweise sogar noch im späten 19. Jahrhundert in Weltstädten wie London oder Hamburg – früh auf die Trinkwasserqualität.

Welche Denkmäler der Augsburger UNESCO-Welterbestätte gibt es also zu sehen? Ein zentrales Denkmal sind die seit dem Jahr 1276 schriftlich überlieferten Lechkanäle im Lechviertel und im östlichen Ulrichsviertel, die das idyllische Handwerkerquartier von Süden nach Norden durchziehen. 21 weitere Denkmäler stehen am Aderngeflecht der Kanalsysteme des Lechs und der Wertach, der Singold und der Quellbäche. Ein Aderngeflecht, an dem drei im Kern mittelalterliche Wasserwerke mit insgesamt fünf Wassertürmen zu finden sind: Ihre Pumpwerke, die erst von Wasserrädern, später von Turbinen angetrieben wurden, hoben das Trinkwasser für die Stadt in die Stoßausgleichsbecken unter den Kuppeln der Wassertürme. Abgelöst wurden diese dezentralen Wasserwerke 1879 vom zentralen Wasserwerk am Hochablass, mit dem das Industriezeitalter auch bei der Trinkwasserversorgung begann. An Augsburgs vier Jahrzehnte zuvor beginnende Industrialisierung und die Transmissionen riesiger Fabrikschlösser erinnern über etlichen Kanälen einstige Turbinenhäuser. Sie wurden erst im 20. Jahrhundert zu stromerzeugenden Wasserkraftwerken

*Der Vogelturm erinnert an das Wasserwerk am Vogeltor, das dort bis zum Jahr 1879 Trinkwasser förderte.*

umgebaut. Über großen, noch bis 1922 neu gegrabenen Industriekanälen waren ab 1901 erste Wasserkraftwerke entstanden, die von Anfang an für die Stromerzeugung errichtet wurden – und die nicht nur die Fabriken, sondern die ganze Region mit Energie versorgten.

Mit ihren Denkmälern der Trinkwassergewinnung und Wasserkraftnutzung „erzählt" die Augsburger Wasserwirtschaft von einem Megathema der Menschheit. Der Stellenwert dieser Denkmäler und ihrer Story (Augsburg ist quasi ein „Archiv der Wasserwirtschaft", weil hier Wasserbau und Wasserkraftnutzung, Trinkwasserversorgung und Brunnenkunst wie in keiner anderen Stadt Europas nachzuvollziehen sind.) ist auch den Augsburgern selbst erst seit Kurzem wirklich bewusst. Bis dahin schätzte man die Kanäle im idyllischen Lechviertel, die verwunschen wirkenden Wassertürme und die drei figurenreichen Monumentalbrunnen im Zentrum der Stadt bestenfalls als Sehenswürdigkeiten, die man ab und zu der von fern angereisten Verwandtschaft zeigte und deren Wert man selbst kaum ermessen konnte.

Die Erkenntnis, dass es mit dem Wasser etwas Besonderes auf sich haben könnte, keimte erst, als ganz unabhängig voneinander mehrere Faktoren die Idee einer Welterbebewerbung initiierten. So hatten die Stadtwerke Augsburg ihr 1879 in Betrieb genommenes Wasserwerk am Hochablass in ein Technikmuseum samt Trinkwasserinformationszentrum verwandelt. Seit 2008 das Lechmuseum Bayern im Wasserkraftwerk der Lechwerke AG in Langweid eröffnet wurde, wird dort die Bedeutung der Wasserkraftnutzung für das mittelalterliche Augs-

*Das (moderne) Technikdenkmal das Wasserrads am Schwallech erinnert an hunderte Räder in den Kanälen.*

burg wie für die Industriestadt am Lech in vielen Facetten vermittelt. 2010 hat die Stadt Augsburg den Großen und Kleinen Wasserturm im Wasserwerk am Roten Tor renoviert: Seitdem führt dort die Regio Augsburg Tourismus GmbH durch eine Ausstellung zur vorindustriellen Trinkwasserversorgung. Im selben Wasserwerk hatte die Handwerkskammer für Schwaben schon 1985 das Untere Brunnenmeisterhaus saniert und ein Handwerkermuseum eingerichtet. Museumsexponate, Publikationen zu den Themen Wasser und Industriekultur, Broschüren und Führungen der Regio Augsburg Tourismus GmbH zur Rolle der Wasserkraft und zu ihrer Bedeutung für die Industriestadt vertieften sukzessive die Erkenntnis, dass es in Augsburg ein breitgespanntes Wissenscluster der Wasserwirtschaft gab – und bis heute gibt.

22 Denkmäler hat die Stadt Augsburg der UNESCO zur Aufnahme in die Welterbeliste vorgeschlagen. Allerdings haben Augsburg und sein Nachbarlandkreis Augsburg doch etliche Sehenswürdigkeiten der Wasserwirtschaft mehr zu bieten – darunter mehrere Exponate in den Augsburger Museen, etwa die weltweit einzigartige Sammlung von hydrotechnischen Modellen und die bronzene Brunnenfigur des Wassergottes Neptun im Maximilianmuseum Augsburg. Dazu zählen zwei weitere Augsburger Wassertürme. Dazu zählt auch das Mühlenmuseum in Thierhaupten. Dieser Reiseführer listet also zwar auf den folgenden Seiten zunächst die 22 „offiziellen" Denkmäler der Welterbestätte auf. Ausführlich vorgestellt werden aber alle Denkmäler, die jederzeit oder im Rahmen von Führungen zu besichtigen sind und die somit spannende Einblicke in die Wasserwirtschaft ermöglichen.

# 22 Denkmäler der UNESCO-Welterbestätte

In Augsburg gibt es einige Denkmäler mehr zu den Themen Wasserbau und Wasserkraft, Trinkwasser und Brunnenkunst zu sehen. Ihre Bewerbung bei der UNESCO hat die Stadt Augsburg aus sachlichen Gründen mit den nachfolgenden – quasi „offiziellen" – 22 Denkmälern eingereicht. Einige dieser Sehenswürdigkeiten sind nicht jederzeit öffentlich zugänglich. Uneingeschränkt zu besichtigen sind lediglich die Denkmäler Nummer 1, 3, 4, 5, 10, 11, 12. Jederzeit von außen besichtigt werden können Nummer 2, 6, 7, 8, 9, 14, 16, 17, 18, 20, 21, 22.

### 1 Hochablass*

### 2 Wasserwerk am Hochablass**

### 3 Kanuslalomstrecke am Eiskanal*

### 4 Galgenablass*

### 5 Lechkanäle im Lechviertel*

### 6 Stadtmetzg**

* uneingeschränkt | **Außenbesichtigung jederzeit, innen nur mit Führung | *** nur mit Führung

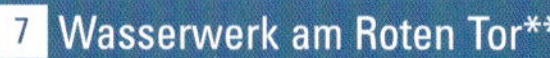

## 7 Wasserwerk am Roten Tor**

## 8 Wasserwerk am Vogeltor**

## 9 Unterer Brunnenturm**

## 10 Augustusbrunnen*

## 11 Merkurbrunnen*

## 12 Herkulesbrunnen*

## 13 Kraftwerk am Stadtbach***

## 14 Kraftwerk am Proviantbach**

* uneingeschränkt | **Außenbesichtigung jederzeit, innen nur mit Führung | *** nur mit Führung

## 15 Kraftwerk auf der Wolfzahnau***

## 16 Kraftwerk an der Singold**

## 17 Kraftwerk am Fabrikkanal**

## 18 Kraftwerk am Wertachkanal**

## 19 Kraftwerk Riedinger***

## 20 Kraftwerk Gersthofen**

## 21 Kraftwerk Langweid**

## 22 Kraftwerk Meitingen**

* uneingeschränkt | **Außenbesichtigung jederzeit, innen nur mit Führung | *** nur mit Führung

# Augsburger Denkmäler

## Wasserbau und Wasserkraft, Trinkwasser und Brunnenkunst

*Mehr als 20 erhaltene Quelltöpfe liefern das Wasser für die Quellbäche im Stadtwald. Das Wasser des Lochbachs (unten) kommt dagegen aus einem Lechanstich.*

## 1 Quellbäche und Lechkanäle im Stadtwald

Bis 1840 wurde das Wasserwerk am Roten Tor durch offene Kanäle mit Trinkwasser aus Quellen auf dem Lechfeld südlich der Stadt beliefert. Seitdem wird das Wasser aus bis heute mehr als 20 Quellen in Treibwasserkanäle eingespeist. An Bächen und Kanälen im Stadtwald Augsburg, wo ein Trinkwasserschutzgebiet der Großstadt liegt, findet man kleinere technische Bauten, Quelltöpfe und Quellbäche. Sie waren Teil des alten Wassergewinnungssystems. Der Galgenablass, das Relikt einer Wasserkreuzung, die den Siebenbrunner Bach vom Grenzgraben trennte, ist ein Denkmal der Welterbestätte.

*In manchen früheren Quellbächen fließt heute Lechwasser aus dem Lochbach. Der Brunnenbach (unten) führt allerdings bis heute glasklares Quellwasser.*

Der Lochbach – und durch ihn etliche ehemalige Quellbäche – wird über einen Lechanstich mit Flusswasser gespeist. Der Stadtwald ist eines der größten außeralpinen Naturschutzgebiete Bayerns und ein beliebtes Naherholungsgebiet. Die Gewässer im Stadtwald Augsburg sind ein ebenso wesentlicher wie sehenswerter Teil des insgesamt rund 160 Kilometer langen Bach- und Kanalsystems im Stadtgebiet.

» **Stadtwald Augsburg |** Der Landschaftspflegeverband Stadt Augsburg hat im Stadtwald Schilder mit den Namen der Bäche und Lechkanäle montiert. Im Taschenbuch „Stadtwald Augsburg. Rad- und Wanderführer zu Quellbächen, Lechkanälen und Lechheiden“ beschreibt Nicolas Liebig Routen, Natur und Denkmäler (www.lpv-augsburg.de).

*Der Blick aufs Oberwasser des Hochablasswehrs und seinen kleinen Glockenturm. Zwei Steinfiguren (unten) am Lechwehr symbolisieren Industrie und Flößerei.*

## 2 Hochablass

Gesichert ab 1346 (aber wohl schon früher) stauten die Augsburger den Gebirgsfluss Lech beim „Hohen Ablass" südöstlich der Altstadt, um sein Wasser abzuleiten. Das weitaus meiste Wasser im Kanalsystem des Lechviertels und in den Industriekanälen wird seit jeher beim Hochablass ausgestaut. Nach der Hochwasserkatastrophe von 1910 wurde das Hochablasswehr 1911/12 als Stahlbetonkonstruktion mit einem zierlichen Glockentürmchen erbaut. Am westlichen Ende der Dammbrücke symbolisieren zwei Steinfiguren mit ihren Attributen den wirtschaftlichen Stellenwert des Lechs. Die weibliche „Industria"

*Auf der Kiesbank beim Unterwasser des Lechstauwehrs erinnern die Holzstümpfe einer ehemaligen Floßgasse an den 1910 durch ein Jahrhunderthochwasser zerstörten Hochablass. Mit seinen breiten Kiesbänken (unten) wirkt der Lech beim Hochablass noch stellenweise wie ein alpiner Wildfluss.*

hält ein Turbinenrad und belegt so die Rolle des Lechs als Kraftquelle für die Fabriken. Ein bärtiger Mann erinnert mit einem Flößerbeil und einem Seil an die Lechflößerei, die bis zum Beginn des Eisenbahnzeitalters große Bedeutung hatte: Erst 1917 endete die Lechflößerei.

Bei Niedrigwasser ragen beim Unterwasser nördlich des Lechwehrs hölzerne Stümpfe aus dem Lechkies. Sie sind letzte Relikte des aus Holz und Stein errichteten, 1910 zerstörten Hochablasses. Das neue

*Der Blick auf die Westseite des Hochablasswehrs: Links im Bild ist die Schleuse zu sehen, durch die Lechwasser in den Hauptstadtbach fließt. Auf dieser Seite des Lechwehrs erinnern eine Inschriftentafel an der Floßgasse und eine Wetterfahne in Form eines Delfins (unten) an die Geschichte des Hochablasses.*

Stauwehr wurde später mehrfach geringfügig umgebaut. Im Jahr 2014 integrierten zum Beispiel die Stadtwerke Augsburg am östlichen Ufer des Lechs ein Wasserkraftwerk in dieses Querbauwerk.

An der westlichen Uferseite des Lechs entdeckt man drei Denkmäler, die von der langen und abwechslungsreichen Geschichte des Hochablasses „erzählen". In der Betonwand der Floßgasse ist die steinere Inschriftentafel eingelassen, die unter anderem eine „erste Anlage

*Das steinerne Denkmal des bayerischen Löwen, der auf dem Pfeiler das Rautenwappen der Wittelsbacher hält, erinnert mit Gedenktafeln an den Neubau des Hochablasswehrs und an den Besuch des Königs von Bayern.*

zur Wassereinleitung" im Jahr 1000 festhält (was freilich nur Legende ist). Gesichert sind spätere Ereignisse: Die bronzene Wetterfahne in Form eines Delfins auf einer Kuppel beim Westufer des Lechs erinnert (auch mit einer Inschriftentafel) an die 1979 abgebrochene Traditionsgaststätte am Hochablass. Abgerissen wurde zum Schutz des Trinkwassers, denn der Rand des Trinkwasserschutzgebiets im Stadtwald liegt nur ein paar Schritte westlich des Hochablasses. (Ausgerechnet dort hatten nächtliche Zecher viel zu oft ihr Wasser abgeschlagen.)

Direkt neben dem westlichen Ende des Stauwehrs – zwischen dem Lechufer und dem Hauptstadtbach – steht unter Bäumen ein steinernes Denkmal: Auf einem hohen Pfeiler hält ein sitzender bayerischer Löwe das Rautenwappen der Wittelsbacher. Zwei bronzene Gedenktafeln am Pfeiler erinnern an zwei Ereignisse: Eines war der Wiederaufbau des Stauwehrs nach der Zerstörung im Jahr 1910, der laut einer Inschriftentafel „unter der segensreichen Regentschaft des Prinzregenten Luitpold v. Bayern" geschah. Die zweite Gedenktafel hält den Besuch von König Ludwig III. fest, der am 9. Juni 1914 das zwei Jahre zuvor errichtete Querbauwerk im Lech besichtigte, gemäß der Inschrift mit der königlichen Familie im Schlepptau.

» **Spickelstraße, Oberländer Straße |** Vom Hochablass aus liegen der Kuhsee (dieser Badesee entstand aus einem Lechaltarm), der Eiskanal (die Kanuslalomstrecke der Olympischen Sommerspiele von 1972) und das Wasserwerk am Hochablass ganz nah.

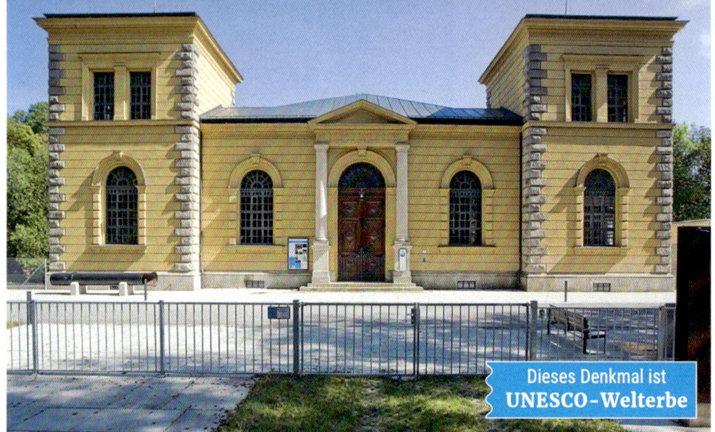


*Im Wasserwerk am Hochablass, einem Neorenaissancebau von 1878/79, treibt Lechwasser aus dem beim Hochablass ausgestauten Neubach (unten) die Turbinen an.*

## 3 Wasserwerk am Hochablass

Durch die Antriebskraft der Lech- und Wertachkanäle wurde Augsburg ab der Mitte des 19. Jahrhunderts früh zur Industriestadt. Die Bevölkerung wuchs rasant: Bald reichten die damals sieben Wassertürme der fünf Wasserwerke entlang der östlichen Stadtmauer nicht mehr aus, um Augsburg mittels 50 öffentlicher Röhrbrunnen und ein paar hundert Hausanschlüssen mit Trinkwasser aus den in der Stadt liegenden Speisebrunnen zu versorgen. Bewohner ärmerer Viertel tranken Wasser aus jenen mehr als 1500 Schöpf- und Pumpbrunnen, die oft nur wenige Schritte von Sickergruben entfernt gegraben

*Drei Pumpensätze saugten bis 1973 Grundwasser aus Bassins unter dem Maschinenhaus an und drückten es ins Leitungsnetz. Vier zehn Meter hohe geschmiedete Druckwindkessel (unten) dienten als Pufferspeicher.*

wurden. Durch verunreinigtes Wasser kam es in Augsburg – zuletzt im Winter 1878/79 – zu todbringenden Cholera- und Typhusepidemien.

Ab 1878 wurde das neue Wasserwerk am Hochablass gebaut, 1879 ging es in Betrieb. Die Technik hatte die Maschinenfabrik Augsburg konstruiert. Drei Doppelkolbenpumpen (zwei im Normalbetrieb) saugten reines Grundwasser an, das aus drei Schachtbrunnen im Siebentischwald in die gusseisernen Bassins unter dem Maschinenhaus des Wasserwerks floss, und drückten es ins Trinkwassernetz der Stadt. Vier zehn Meter hohe geschmiedete Druckwindkessel ersetzten

*Delfine zieren das Deckenfries im Maschinenhaus des Wasserwerks. Im Untergeschoss stößt man unter anderem auf das Thema Wasser für die Feuerwehr (unten).*

einen Wasserturm: Sie dienten als Pufferspeicher. Bis zur Inbetriebnahme des zentralen Wasserwerks wurden letzte hölzerne Wasserleitungen durch gusseiserne Rohre ersetzt. Im Oktober 1879 waren alle Haushalte an die städtische Trinkwasserversorgung angeschlossen.

Die 1973 stillgelegte Technik hinter der Zweiturmfassade im Stil der Neorenaissance ist weitgehend erhalten. Das Architekturdenkmal birgt ein Technikdenkmal von europaweitem Rang. Das Wasserwerk ist aber nicht nur ein Technikmuseum, sondern auch das Trinkwasserinformationszentrum der Stadtwerke Augsburg. Die heutigen, vom Neubach angetriebenen Turbinen erzeugen Strom. Das Wasser dieses Lechkanals wird am Hochablass ausgestaut.

Im Untergeschoss des Wasserwerks dokumentiert eine Dauerausstellung, dass die Trinkwasserversorgung nicht der einzige Grund für den Bau des städtischen Projekts war: Eine historische Feuerwehrspritze erinnert daran, dass nicht zuletzt der Brandschutz in der rasch wachsenden Industriestadt zum erhöhten Wasserbedarf beitrug.

» **Am Eiskanal 48, Spickelstraße 31** | Das Wasserwerk kann an jedem ersten Sonntag der Monate Mai bis Oktober bei Führungen der Stadtwerke Augsburg (Tel. 08 21/65 00-86 03 | www.sw-augsburg.de) kostenlos besichtigt werden. Gruppenführungen sind auf Anfrage möglich.

*Die olympische Kanuslalomstrecke am Eiskanal wurde anlässlich der Sommerspiele von München, Augsburg und Kiel im Jahr 1972 neu gegraben. Zusätzlich gibt es Trainingsstrecken in zwei angrenzenden Lechkanälen im Neubach und im Hauptstadtbach (unten).*

## 4 Kanuslalomstrecke am Eiskanal

Die Kanuslalomstrecke am Eiskanal – gebaut für Wettbewerbe der Olympischen Sommerspiele von München, Augsburg und Kiel im Jahr 1972, trug damals den Namen der Stadt in alle Welt. Der Eiskanal war für Augsburg eine international beachtete „Werbemaßnahme" – und er ist es geblieben. Bis heute ist Augsburg eine Kanuslalom-Hochburg mit erfolgreichen Sportlern in dieser Disziplin (Mitglieder von Kanu Schwaben Augsburg, einer Abteilung des TSV Schwaben Augsburg, und des Augsburger Kajak Vereins).

Und bis heute finden auf dieser ersten künstlich von Menschen geschaffenen Wildwasserstrecke der Welt häufig nationale wie internationale Wettkämpfe (auch Welt- und Europameisterschaften) statt.

Die olympische Strecke im Eiskanal – sie liegt nur wenige Schritte über dem westseitigen Ufer des Lechs – ist 660 Meter lang und rund zehn Meter breit. Dieser Abschnitt des Eiskanals verläuft in sanft geschwungenen S-Kurven in einer Grünanlage, die nicht umsonst an das Grün des Olympiaparks in München erinnert: Das Grünplanungs-

*Die s-förmig geschwungene Kanuslalomstrecke am Eiskanal ist in eine gepflegte Grünanlage eingebettet.*

büro war hier wie dort dasselbe. Die in das Gelände eingebetteten Tribünenränge entlang der olympischen Strecke konnten 1972 insgesamt 24 000 Zuschauer fassen. Weitere Trainingsstrecken finden sich im benachbarten Hauptstadtbach, im Neubach sowie im Oberlauf des Eiskanals. Weil am Eiskanal auch das Bundesleistungszentrum für Kanuslalom und Wildwasser angesiedelt ist, können Besucher der Anlage im Sommer fast immer Athleten beim Training zwischen den Slalomstangen über dem wild tosenden Wasser zusehen.

Der namensgebende Eiskanal sah ursprünglich anders aus, und er hatte natürlich eine andere Funktion. Er wurde für das Wasserwerk am Hochablass als kerzengerader Ableitungskanal zum Lechufer hin gegraben, der auf dem Weg zum Fluss den Hauptstadtbach kreuzte. Das kurze Kanälchen erfüllte zwei Aufgaben: Es leitete bei Bedarf das Lechwasser im Neubach in den Fluss zurück, wenn der nachfolgende Abschnitt des Hauptstadtbachs bei Arbeiten im Kanalbett trockengelegt wurde. Und um die Turbinen des Wasserwerks am Hochablass zu schützen und noch im frostigsten Winter funktionstüchtig zu halten, wurden Schlamm und Eisschollen über den Hauptstadtbach ins Lechmutterbett zurückgeleitet. Der Name „Eiskanal" blieb dem zuvor vom Hauptstadtbach abgeleiteten kürzeren Teilstück dieses historischen Ableitungskanals deshalb auch dann noch erhalten, als er 1970/71 elegant modelliert in Richtung Lechufer verlängert wurde.

» **Am Eiskanal** | Mit dem Auto biegt man von der Friedberger Straße in die Straße „Am Eiskanal" ab. Radfahrer kommen auch über die Spickelstraße dorthin. Außer bei Wettkämpfen ist die Anlage stets zugänglich.

*Im Schleusenhäuschen (unten) am Ende des Hauptstadtbachs entdeckt man eine nur mit Muskelkraft angetriebene hölzerne Maschinerie, die noch vor dem Beginn des Industriezeitalters konstruiert wurde.*

## 5 Pulvermühlschleuse

1850 wurden 32 Schleusen gezählt, mit denen die Wassermenge in den Kanälen geregelt wurde. Damals begannen neue Konstruktionen aus Metall die bis dahin überwiegend aus Holz errichteten Schleusen zu verdrängen. Wie Schleusen vor dem Industriezeitalter aussahen, zeigt eine vermutlich im frühen 19. Jahrhundert gebaute hölzerne, mannbetriebene „Muskelkraftmaschine" im kleinen hölzernen Schleusenhäuschen an der Abzweigung des Hauptstadtbachs in den Kaufbach und den Herrenbach. Die Maschinerie besteht aus einem Sprossentretrad, einem Zahnradgetriebe und einem Wellbaum zum Ziehen der Schütztafel. Nur die eiserne Rücklaufsperr- und Bremsmechanik stammt aus jüngerer Zeit. Die 1982 restaurierte Schleusenkonstruktion ist ein Technikdenkmal in der Tradition des spätbarocken, vorindustriellen Maschinenbaus. Die ehemalige Funktion dieser Einrichtung hat heute längst eine moderne Schleusenkonstruktion übernommen.

» **Damaschkeplatz** | Die Pulvermühlschleuse kann nach Absprache mit dem Tiefbauamt der Stadt (Abteilung Wasser- und Brückenbau) auch innen besichtigt werden (wasserbau.tiefbauamt@augsburg.de).

*Der Große und der Kleine Wasserturm des Wasserwerks am Roten Tor. Bei Führungen ist eine Dauerausstellung (hier im Kleinen Wasserturm, unten) zu sehen.*

## 6 Großer und Kleiner Wasserturm

Die Augsburger Oberstadt liegt auf einer Schotterhochterrasse acht bis 14 Meter über dem wasserführenden Lechtal. Darum schöpfte man seit den Römern Trinkwasser aus bis zum Grundwasserspiegel ausgehobenen Brunnen. Kurz nach 1400 führte Augsburg eine Technik ein, die damals nur in Städten Norditaliens und im Bergbau bekannt war – wasserradgetriebene Kolbenpumpen hoben das Trinkwasser in Wassertürme: Dort floss es vom Durchlaufbecken (Reservoir) durch eine Fallleitung und über Leitungen aus Holzdeicheln zu anfangs nur sieben öffentlichen Laufbrunnen. Bis 1416 wurde der Große Wasser-

*Führungen im Wasserwerk vermitteln anhand von Pumpwerksmodellen Techniken der Trinkwasserhebung.*

turm beim Roten Tor als Holzkonstruktion über den Mauern eines Wehrturms errichtet. Als der Wasserturm 1464 abbrannte, wurde er gemauert wieder aufgebaut. 1669 wurde der Große Wasserturm auf sieben Geschosse erhöht. Ein Durchgang verbindet den Turm mit dem 1470 erbauten, 1559 und 1672 erhöhten Kleinen Wasserturm. Das Trinkwasser in den Bassins lieferte bis 1840 der Brunnenbach. Von 1416 bis 1879 war das Obere Wasserwerk am Roten Tor, das man 1599 um den Kastenturm erweiterte, in Betrieb. Von dort kam das Wasser für die Brunnen der Oberstadt (Augustus-, Merkur- und Herkulesbrunnen) und ab 1550 für einige Hausanschlüsse, damals ein sündteurer Luxus.

Das Wasserwerk am Roten Tor ist das älteste bestehende Wasserwerk und der Große Wasserturm der älteste Wasserturm Deutschlands und wohl auch Mitteleuropas. Mit drei Wassertürmen, zwei Brunnenmeisterhäusern und seinem Aquädukt ist das Wasserwerk ein europaweit einzigartiges Architektur- und Technikdenkmal. Bei einer Führung sieht man hydrotechnische Modelle, technische Skizzen der Augsburger Brunnenmeister sowie sechs in Öl auf Holztafeln gemalte Instruktionsgemälde. Die Gemälde von 1753, aufgehängt unter der barocken Kuppel des Kleinen Wasserturms, zeigen die Baugeschichte der seinerzeit sieben Wasserwerke und neun Wassertürme.

» **Am Roten Tor 1, Beim Rabenbad |** Führungen der Regio Augsburg Tourismus GmbH (Tel. 08 21/5 02 07-0 | www.augsburg-tourismus.de) beginnen im Oberen Brunnenmeisterhaus an der Spitalgasse. Eine Außenbesichtigung des Wasserwerks ist auch vom Brunnenmeisterhof aus möglich (Zugang Beim Rabenbad, samstags jedoch verschlossen).

*Nur bei einer Führung im Kleinen Wasserturm ist der letzte Abschnitt des Aquädukts im Wasserwerk am Roten Tor auch von innen zu besichtigen.*

## 7 Aquädukt des Wasserwerks am Roten Tor

Vor dem Wasserwerk am Roten Tor und der Bastei am Roten Tor lag der schützende, seinerzeit noch nasse Stadtgraben. Um diese breite Wasserfläche zu überbrücken, wurde bis 1840 Quellwasser aus dem Brunnenbach über ein – früher hölzernes – Aquädukt in die Stadt gelenkt. Parallel zum trinkwasserspendenden Quellbach wurde darin, nur durch eine hölzerne Scheidewand getrennt, auch das Antriebswasser im vom Lech gespeisten Lochbach unter der Stadtbefestigung hindurch in das Ulrichsviertel geführt. Das steinerne Aquädukt, über das noch immer der Lochbach durch den Kleinen Wasserturm in die Altstadt strömt, wurde 1777 gemauert. Den Lochbach nennt man ab dem Wasserwerk am Roten Tor Vorderer Lech. Der Brunnenbach, den 1840 ein Speisebrunnen als Trinkwasserlieferant ablöste, mündet nun beim Silbermannpark an der Haunstetter Straße in diesen Lechkanal.

» **Beim Rabenbad, Rote-Torwall-Straße |** Das Aquädukt des Wasserwerks ist nun die Rückwand der Freilichtbühne. Vom trockengelegten Stadtgraben aus kann man die Wasserbrücke jederzeit besichtigen. Im Brunnenmeisterhof (Zugang Beim Rabenbad, außer samstags) ist der letzte Abschnitt des zweigeschossigen Via- und Aquädukts zu sehen.

*Vor dem Oberen Brunnenmeisterhaus fließt der Vordere Lech. Zwei bronzene Wasserspeier am Eingang brachten dem Bau seinen Beinamen „Haus bei den Fischen" ein.*

## 8 Oberes Brunnenmeisterhaus

An der Spitalgasse – zwischen dem Roten Tor und dem Heilig-Geist-Spital (heute die Spielstätte der Augsburger Puppenkiste) – steht das Obere Brunnenmeisterhaus des Wasserwerks am Roten Tor. Dieses Gebäude war die Dienstwohnung des städtischen Brunnenmeisters. Die Eingangstür liegt hinter einem Steg über den Vorderen Lech, der vor der Westfront vorbeifließt. Dieser Lechkanal ist die Verlängerung des Lochbachs. Wegen der beiden bronzenen Delfine rechts und links der Eingangstür, auf der eine Schnitzerei zwei kindliche, fischschwänzige Tritonen als Wasserschütter abbildet, wird das Obere Brunnenmeisterhaus auch „Haus bei den Fischen" genannt. Dieser Bau stammt im Kern aus dem 17. Jahrhundert.

Die stuckverzierte Fassade, das Zwerchhaus über dem Eingang und das Mansarddach des zweigeschossigen Gebäudes entstanden im späten 18. und im 19. Jahrhundert. Das Obere Brunnenmeisterhaus birgt das Treppenhaus zum Kleinen Wasserturm. Dort werden die abgebauten Steig- und Fallleitungen durch eine moderne Installation angedeutet. Im Untergeschoss des Hauses arbeiteten früher Pumpwerke.

» **Am Roten Tor 1** | Die Außenbesichtigung ist jederzeit möglich. Durch die Ausstellung im Inneren führt die Regio Augsburg Tourismus GmbH.

*Das Untere Brunnenmeisterhaus ist an die Stadtmauer angebaut, die den Brunnenmeisterhof begrenzt. Im Werkhof davor (unten) standen früher Pumpenhäuser.*

## 9 Unteres Brunnenmeisterhaus

Das Untere Brunnenmeisterhaus des Wasserwerks am Roten Tor erstreckt sich entlang der angrenzenden Stadtmauer. Hier lagen die Werkstätten der Brunnenmeister. Den Hauptbau deckt ein Walmdach, darüber erhebt sich eine barock geschweifte Uhrengaube. In den Jahren von 1983 bis 1985 – anlässlich der 2000-Jahr-Feier der Stadt Augsburg – wurde das Untere Brunnenmeisterhaus durch die Handwerkskammer für Schwaben restauriert. Seit dieser Zeit beherbergt

das Denkmal das Schwäbische Handwerkermuseum, das seitdem auch für die Führungen im Kastenturm zuständig ist. Als man das baufällige Gebäude sanierte, wurde seine Fassade rekonstruiert: Die barocken Fresken nach den Entwürfen von Christian Erhart waren 1777 entstanden. Der Brunnenmeisterhof vor dem Unteren Brunnenmeisterhaus war der Werkshof des Wasserwerks und daher nicht so still und begrünt wie heute. Dort standen Pumpenhäuser, in denen Wasserräder Pumpwerke antrieben. Durch den Werkhof flossen Treibwasserkanäle: Sie wurden aus dem Aquädukt und aus den Untergeschossen der Wassertürme ausgeleitet.

» **Beim Rabenbad |** Das Handwerkermuseum bietet auch Führungen im Kastenturm an (Tel. 08 21/32 59 12 70 | www.hwk-schwaben.de).

*Der Kastenturm im Wasserwerk am Roten Tor überragt seit 1599 den Innenhof des Heilig-Geist-Spitals (unten).*

## 10 Kastenturm

Als dritter Wasserturm des Oberen Wasserwerks am Roten Tor entstand auch der Kastenturm – wie zuvor der Große und der Kleine Wasserturm – auf dem Fundament eines Wehrturms. Der Kastenturm wurde 1599 auch deshalb errichtet, um ausreichend Wasserdruck für die „springenden" Fontänen des Augustus-, Merkur- und Herkulesbrunnens garantieren zu können. 1743 baute Brunnenmeister Caspar Walter die mit seinen Initialen („MCW" für „Meister Caspar Walter") und der Jahreszahl 1742 gekennzeichnete doppelläufige Wendeltreppe ein. Um 1600 hatte sich die Stadt hier die Bronzefigur des „Brunnenjünglings" von Adriaen de Vries als Einlaufhahn am Reservoir geleistet. Das Hochbassin ist längst abgebaut, der „Wasserhahn" ist ein Höhepunkt im Maximilianmuseum.

» **Beim Rabenbad |** Das Schwäbische Handwerkermuseum bietet auf Anfrage auch Führungen im Kastenturm an (Tel. 08 21/32 59 12 70 | www.hwk-schwaben.de). Der Eintritt ins Schwäbische Handwerkermuseum (Montag/Dienstag 9 bis 12 Uhr, Montag bis Freitag 13 bis 17 Uhr, Sonn- und Feiertage 10 bis 17 Uhr) ist frei. Zwei Hinweise: Samstags ist das Museum – und damit der Brunnenmeisterhof vor dem Kastenturm – (Ausnahme: der jeweils 1. Samstag der Monate April bis September) geschlossen. Der Kastenturm wird voraussichtlich bis 2021 saniert.

*Am Schwal bei St. Ursula teilt sich der Schwallech in den Hinteren Lech (links) und Mittleren Lech. Diese Kanäle vereinigen sich am Nordrand des Lechviertels (unten).*

## 11 Lechkanäle im Ulrichs- und Lechviertel

Nur jeweils wenige hundert Meter lang durchziehen vier Lechkanäle (der Schwallech, der Hintere, der Mittlere und der Vordere Lech) das Lechviertel. Der Vordere Lech ist die Verlängerung des Lochbachs: Er wird über das Aquädukt des Wasserwerks am Roten Tor und unter dem Kleinen Wasserturm des historischen Wasserwerks hindurch zunächst ins östliche Ulrichsviertel geleitet. Danach durchfließt der Vordere Lech – der früher vier Mühlen antrieb – von Süd nach Nord das ganze Lechviertel: Dieser 1,4 Kilometer lange Lechkanal mündet kurz nach der Stadtmetzg unterirdisch in den Mittleren Lech.

*Auch wenn das Werbetexte behaupten: Mehr Brücken als Venedig hat Augsburg nicht. Doch immerhin überspannen hunderte kleiner Holzstege die Lechkanäle.*

Im Schwallech strömt am Hochablass ausgestautes Lechwasser ins Lechviertel. Am Schwal, einer Landzunge beim Kloster St. Ursula, teilt sich der Schwallech in den Mittleren und Hinteren Lech. Diese beiden 600 Meter langen Lechkanäle fließen unweit voneinander durch das einstige Handwerkerviertel. Sie vereinigen sich wenige Meter nach dem Geburtshaus Bertolt Brechts (Auf dem Rain 7) zum Stadtbach.

» **Lechviertel |** Den Lechkanälen folgt man auf drei Wegen. Weg 1: Beim Rabenbad, Innenhof des Stifts St. Margaret (noch im Ulrichsviertel), Am Brunnenlech, Vorderer Lech, Beim Märzenbad. Weg 2: Schwibbogengasse, Am Schwall, Bei St. Ursula, Mittlerer Lech, Auf dem Rain. Weg 3: Bei St. Ursula, Hinterer Lech, Mittlerer Lech, Auf dem Rain.

*Im Sommer 2015 wurde das Schaurad am Schwallech installiert. Das Pansterrad erinnert an die einst so zahlreichen Wasserräder in den Augsburger Kanälen.*

## 12 Wasserrad am Schwallech

Das Schaurad am Schwallech im Augsburger Lechviertel ist der Nachfolger eines 2012 abgebauten Wasserrads. Die damals marode Konstruktion war 1986 nach einem historischen Vorbild gebaut, als Schaurad über dem Lechkanal an der Schwibbogengasse installiert und vom damaligen Bundeskanzler Helmut Kohl in Betrieb genommen worden. Einen technischen Nutzeffekt hatte es zwar nicht, erinnerte aber an ein um 1840 erbautes, nahegelegenes Wasserrad am Schwallech. Auch das 2015 errichtete, fünf Tonnen schwere Rad übernimmt keine technische Funktion: Es dient nur als Denkmal für jene 163 Wasserräder, die beispielsweise im Jahr 1761 innerhalb und außerhalb der Stadtmauern insgesamt 78 Werke – Getreide-, Säge-, Schleif-, Polier-, Öl-, Walk- und Papiermühlen, Wasserwerke und Hammerwerke – antrieben. Der Schwallech ist der Kanal, durch den Lechwasser vom Hochablass über den Hauptstadtbach und den Kaufbach ins Lechviertel strömt.

» **Schwibbogengasse |** Das neue Wasserrad am Schwallech ist wie sein Vorgänger ein Pansterrad: Solche Räder konnten bei Bedarf aus dem Kanal gehoben werden. Eine Tafel informiert zu den Wasserrädern und ihrer immensen Bedeutung für das Handwerk.

*Der Spitalbach zieht sich um die Bastion am Roten Tor. Nach dem Kräutergarten beim Heilig-Geist-Spital vereinen sich der Brunnenmeisterbach und der Spitalbach im früheren Stadtgraben (unten).*

## 13 Südlicher Stadtgraben

Unterhalb (östlich) der Freilichtbühne und des Aquädukts des Wasserwerks am Roten Tor erstreckte sich früher die breite Wasserfläche des Stadtgrabens um die Bastion beim südlichen Augsburger Stadttor. Als 1866 Augsburgs Festungseigenschaft aufgehoben wurde, riss man nicht nur einen Großteil der Stadtmauer ab, sondern legte auch den Graben um die mächtige Bastion trocken. Dieser Wehrgraben wurde zur Parkanlage, in der nur noch der Spitalbach entlang der Festungsmauer am Fuß der Bastion strömt. An einer Mauer dieser Bastion sieht man ein Medusenhaupt: Die steinerne Fratze mit weit aufgerissenem Maul zierte früher die Stadtmauer beim Roten Tor – sie war die Abflussrinne einer Regenwasserableitung.

Im Südlichen (auch: Oberen) Stadtgraben trägt heute erst der Kanalabschnitt nördlich des Kräutergartens, wo Spitalbach und Brunnenmeisterbach zusammenfließen, offiziell den Namen „Stadtgraben".

» **Rote-Torwall-Straße, Remboldstraße, Forsterstraße** | Der Südliche oder Obere Stadtgraben verläuft entlang dieses Straßenzugs. Doch der schönere Weg führt durch die Grünanlagen im weitgehend trockenen ehemaligen Wehrgraben um die Mauern der Bastion am Roten Tor.

*Der helle Fleck an der Mauer beim Vogelturm erinnert an ein Pumpenhaus. Über das Streichwehr vor diesem Turm fließt Wasser in den Äußeren Stadtgraben (unten).*

## 14 Wasserwerk am Vogeltor

Als Augsburg 1538 die Trinkwasserversorgung verbesserte, entstand ein Wasserwerk am Vogeltor. Direkt neben diesem gotischen Stadttor fließt der südliche Stadtgraben unter der Wehrmauer hindurch. Auf die Mauer darüber wurde ein kleiner Wasserturm gesetzt. Hinter dieser Mauer beginnt der Innere Stadtgraben: Dort lag das erste Pumpenhaus des Wasserwerks. Das Reservoir verlegte man um 1774 vom (längst verschwundenen) Wassertürmchen auf den Vogelturm in der angrenzenden Stadtmauer beim Kloster St. Ursula, um so durch das höher liegende Durchlaufbecken den Leitungsdruck zu verstärken.

*Hinter der Bogenmauer beim Vogeltor dreht sich an der Stelle des 1843 aufgelassenen Pumpenhauses ein technisches Denkmal, ein hölzernes Wasserrad (unten). An dieser Stelle beginnt der Innere Stadtgraben.*

Um die stärkere Wasserkraft vor der Stadtmauer zu nutzen, wo ein Streichwehr den Äußeren Stadtgraben vor seinem Weg um die Jakobervorstadt abzweigt, wurde das alte Pumpwerk am Inneren Stadtgraben 1843 durch eine neue Brunnenmaschine ersetzt: Das Pumpenhaus wurde direkt vor dem Vogelturm an die Stadtmauer angebaut. Das Trinkwasser stammte aus einem Speisebrunnen.

Vor dem Vogelturm erinnert nur ein rechteckiger heller Fleck in der Stadtmauer an den Standort des letzten Pumpwerks, das irgendwann abgebrochen wurde, nachdem man das Wasserwerk am Vogeltor im Jahr 1879 stillgelegt hatte. Wo einst das im Jahr 1843 aufgegebene Pumpwerk gelegen hatte, dreht sich seit Langem ein hölzernes Wasserrad über dem Beginn des Inneren Stadtgrabens. Dieses Wasserwerk mit seiner etwas komplizierten Bau- und Nutzungsgeschichte war zuletzt in Vergessenheit geraten. Die Bedeutung des Wasserwerks und seiner Relikte wurde erst 2014 – im Zuge von Recherchen wegen der Augsburger Bewerbung um die Aufnahme in die Liste des UNESCO-Welterbes – wiederentdeckt.

» **Oberer Graben |** Vom Oberen Graben aus sind die Relikte des Wasserwerks und das hölzerne Wasserrad jederzeit zu besichtigen.

*Der Innere Stadtgraben, der am Vogeltor beginnt, fließt vor dem Wasserwerk beim Mauerberg über die gusseiserne Zirbelnussbrücke (unten) über den Stadtbach in Richtung östliche Stadtmauer.*

## 15 Innerer Stadtgraben

Reines Quellwasser aus den Brunnenbächen im Süden der Reichsstadt floss durch die nassen Stadtgräben. 1377 hatten die Augsburger begonnen, entlang ihrer Mauern und Bastionen an der Ostseite der Stadt tiefe Gräben anzulegen. Diese Stadtgräben dienten nicht nur der Verteidigung: Sie wurden auch für die Flößerei und die Fischerei genutzt, ihre Wasserkraft trieb die Wasserräder des Wasserwerks am Vogeltor und des Wasserwerks beim Mauerberg an. Der früheste Stadtgraben erstreckte sich entlang der östlichen Stadtmauer vom Roten Tor im Süden bis zum Lueginsland im Norden. Als man auch die Jakobervorstadt befestigte, wurde der nun für die Verteidigung nicht mehr relevante Abschnitt zwischen dem Vogeltor und dem 1867 abgebrochenen Oblattertor – an der heutigen Schwedenstiege – zum Inneren Stadtgraben. An der Schwedenstiege steht der zweite der beiden Venezianischen Muschelbrunnen, die ein Münchener Kunsthändler 1950 der Stadt Augsburg schenkte.

» **Oberer Graben, Mittlerer Graben und Unterer Graben |** Der Innere Stadtgraben endet an der Schwedenstiege – beim Venezianischen Muschelbrunnen: einer jener Brunnen, die gratis Trinkwasser spenden.

*Augsburgs einziger historischer Wasserturm, der an ein privates Wasserwerk erinnert, ist das Relikt eines großbürgerlichen Gartenguts am Sparrenlech (unten).*

## 16 Wasserturm am Sparrenlech

Wenn man in Augsburg von sechs erhaltenen Wassertürmen spricht, sind damit die Denkmäler der städtischen Trinkwasserversorgung gemeint. Daran, dass es darüber hinaus auch private Wasserwerke gab, erinnert wenige Schritte vom Schwibbogenplatz entfernt ein kleiner Wasserturm am Sparrenlech. Das von Zinnen bekrönte Türmchen an der Wagenhalsstraße ist das Relikt eines barocken Gartenguts. Der in Fachwerktechnik errichtete schlichte Wasserturm wurde erst 1737 auf einem gemauerten Fundament erneuert. Und erst im 19. Jahrhundert wurde der Wasserturm dieses Gartenguts, das sich bis dahin im Besitz der Bankiersfamilie Carli befand, in seiner heutigen Form bis hinauf zur neugotischen Zinnenbekrönung gemauert errichtet. Nach der Familie Carli gehörte der Park vor der östlichen Stadtmauer dem Fabrikanten Julius Forster, einem der Besitzer der Neuen Augsburger Kattunfabrik (NAK). Deshalb wird dieser Wasserturm auch Forsterturm genannt. Das Wasser im Sparrenlech wird am Hochablass aus dem Lech ausgestaut. Der Kaufbach gibt es an diesen Lechkanal ab, der am Ende im Stadtbach aufgeht.

» **Schwibbogenplatz 2 f** | Der kleine Wasserturm am Sparrenlech (Ecke Provinostraße/Wagenhalsstraße) ist jederzeit von außen zu besichtigen.

*Der Untere Brunnenturm steht auf einer steilen Hangkante hoch über dem Stadtgraben. Die Fassade des Wasserturms am Springergässchen (unten) ist deutlich weniger repräsentativ gestaltet.*

## 17 Wasserwerk beim Mauerberg

Das ab 1450 erbaute Untere Wasserwerk beim Mauerberg war Augsburgs zweitgrößtes Wasserwerk, das zweitälteste der Stadt und das zweitälteste Deutschlands sowie Mitteleuropas. Das Wasserwerk versorgte öffentliche Röhrbrunnen in der nördlichen Oberstadt und (bis 1609) in der Jakobervorstadt mit Trinkwasser aus Speisebrunnen am Stadtgraben. 1502 belieferte dieses Wasserwerk in der Bischofspfalz einen ersten Hausanschluss. Anfänglich hoben sieben nacheinander angeordnete Archimedische Schrauben der „Machina Augustana" das Trinkwasser in den Unteren Brunnenturm, die Antriebskraft für die Wasserräder lieferte der Innere Stadtgraben.

Der sechsgeschossige Untere Brunnenturm wurde 1538 aufgestockt, vor 1626 um drei Geschosse erhöht und 1674 sowie 1737 ausgebaut. Wasserradgetriebene Kolbenpumpen ersetzten um 1626 die „Machina Augustana". Seit 1821 wurde das Trinkwasser mit der sogenannten „Wassermaschine" des Ingenieurs Georg von Reichenbach gehoben. Bis man das Wasserwerk 1879 stilllegte, wurde Trinkwasser 35 Meter hoch in das Reservoir im Unteren

*Tief unter dem Unteren Brunnenturm wurde 1865 das Pumpenhaus am Neuen Gang errichtet. Seit 1848 lenkt die gusseiserne Zirbelnuss-Kanalbrücke das Wasser des Inneren Stadtgrabens über den Stadtbach (unten).*

Brunnenturm gepumpt. 1848 konstruierte Carl August Reichenbach die gusseiserne Zirbelnuss-Kanalbrücke: Durch diese Kanalkreuzung fließt der Innere Stadtgraben bis heute über den Stadtbach ins einstige Pumpenhaus am Neuen Gang. Auch dieses Wasserwerk wurde 1879 stillgelegt, als das Wasserwerk am Hochablass in Betrieb ging.

» **Unterer Graben, Springergässchen |** Am Stadtbach unter dem Unteren Brunnenturm steht das Pumpenhaus, das 1865 einen Vorgängerbau ersetzte. Dieses Baudenkmal beherbergt heute das Programmkino „Liliom". Ein Modell der Reichenbach'schen Wassermaschine findet man im Kleinen Wasserturm des Wasserwerks am Roten Tor.

*1753 ließ Augsburgs Bischof das Treppenhaus seiner Residenz ausmalen: Mit Allegorien der Donau, des Lechs (unten links) und der Wertach (unten rechts) wurden Rechte des Hochstifts an diesen Gewässern betont.*

## 18 Dom und Fürstbischöfliche Residenz

Dass der Bischof von Augsburg der erste war, der 1502 vom Unteren Brunnenturm am Mauerberg Trinkwasser „ins Haus" geliefert bekam, war ein Akt der Diplomatie. Die Reichsstadt war bei der Trinkwassergewinnung auf Quellen auf dem Gebiet des Hochstifts Augsburg südlich der Stadtmauer angewiesen. Zudem war der Bischof der Fischwasserherr vieler vor den Stadtmauern fließender Gewässer. Seine Rechte ließ Fürstbischof Joseph – Landgraf von Hessen-Darmstadt – unterstreichen, als er 1753 das Treppenhaus seiner im Stil des Rokoko

*Der Fisch (im Bild der Wasserspeier des Dombrunnens auf dem Domvorplatz) ist ein Attribut des Wasserpatrons Ulrich. Am Nordportal des Doms wurde der Heilige wohl erstmals mit dem Fisch in der Hand dargestellt (unten).*

umgebauten Residenz beim Dom ausmalen ließ. Die Malereien zeigen neben einer allegorischen Darstellung der Donau auch die des männlichen Lechs (Lycus) und der weiblichen Wertach (Vinda).

Der nach seinem Tod heiliggesprochene Bischof Ulrich – er war 955 vor der Schlacht auf dem Lechfeld der Verteidiger Augsburgs vor den Ungarn gewesen – wird in Süddeutschland, Österreich und Südtirol als Brunnenheiliger sowie als Schutzpatron bei Wassergefahren verehrt. Der Fisch ist eines seiner Attribute. Die um 1343 entstandene – wohl früheste – Darstellung Bischof Ulrichs mit einem Fisch in der Hand findet man am Nordportal des Doms (die Steinfigur ist ein Replikat). Direkt hinter dieser Domtüre plätschert in der Bischofskirche seit 1955 der Ulrichsbrunnen, der einen älteren Brunnen ersetzte. Den Heiligen und einen Fisch sieht man auch am 1985 aufgestellten Dombrunnen auf dem Domvorplatz.

» **Hoher Weg, Fronhof |** Die Skulptur des heiligen Ulrich am nördlichen Domportal und der Ulrichsbrunnen auf dem Domvorplatz sind jederzeit zu besichtigen, der Ulrichsbrunnen im Inneren des Doms während der Öffnungszeiten (außerhalb der Gottesdienstzeiten). Das Treppenhaus der Fürstbischöflichen Residenz ist bei Veranstaltungen zugänglich.

*Auf dem Pfeiler des Augustusbrunnens steht überlebensgroß die Bronzefigur des Stadtgründers. Auf dem Beckenrand sitzt die Personifikation des Lechs (unten).*

## 19 Augustusbrunnen

Seit 1588 arbeitete der niederländische Bildhauer Hubert Gerhard an den Modellen für die Figuren des Augustusbrunnens: 1590/91 wurden die Bronzefiguren im Augsburger Gießhaus gegossen. Der Brunnen vor dem (damaligen gotischen) Rathaus wurde am 17. April 1594 eingeweiht. Der Augustusbrunnen ist nach dem Wittelsbacherbrunnen in München und dem Mars-Venus-Cupido-Brunnen im Fuggerschloss Kirchheim der dritte Monumentalbrunnen im Stil des italienischen Manierismus nördlich der Alpen. Als einziger dieser drei Brunnenkunstwerke ist er nahe an seinem originalen Standort und mit dem

*Am Beckenrand lagert die Figur des Brunnenbachs. Den Brunnenpfeiler zieren weibliche Hermen (unten).*

kompletten Figurenbestand erhalten. Auf dem Pfeiler steht die überlebensgroße und 27 Zentner schwere Bronzefigur des Stadtgründers Augustus: Der römische Kaiser war eine politische Demonstration der Stadt gegenüber dem Herzogtum Baiern. Den Pfeiler zieren nach dem Vorbild italienischer Brunnen Hermen, aus deren Brüsten ebenso das Wasser spritzt wie aus den Mäulern der von Putti gehaltenen Delfine.

Zum Denkmal reichsstädtischer Wasserwirtschaft wird der Brunnen durch die Personifikationen der Augsburger Hauptgewässer, die ihre jeweilige Nutzung und den jeweiligen Naturraum erkennen lassen. Die beiden männlichen Figuren stellen die reißenden Gebirgsflüsse Lech (mit Fichtenkranz und Floßruder) und Wertach (mit einem Kranz aus Eichenlaub und einem Fischernetz) dar. Die beiden weiblichen Figuren verkörpern den Mühlenfluss Singold (mit Ährenkranz und Mühlradviertel) sowie den durch Menschenhand geschaffenen Trinkwassersammler Brunnenbach (mit einem kunstvollen Krönchen im Haar und der Trinkwasserkanne in der Rechten).

» **Rathausplatz |** Die Brunnenfiguren sind in der frostfreien Zeit immer zu besichtigen – dann bewirtet auch die Freiluftgastronomie am Brunnen. Im Winter sind die Figuren mit Ausnahme des Augustus durch eine Verschalung geschützt. Alle Originalfiguren des Brunnens stehen im Viermetzhof des Maximilianmuseums (Zugang zum Hof ohne Eintrittsgeld).

*Ein Gemälde im Goldenen Saal des Rathauses stellt die Augsburger Hauptgewässer in der Zeit nach 1590 dar.*

## 20 Nordportal des Goldenen Saals im Rathaus

Ein paar Schritte vom Augustusbrunnen entfernt lagern über dem nördlichen Hauptportal des Goldenen Saals im Rathaus die Figuren vergoldeter Nymphen beiderseits eines Gemäldes: Es ist das Replikat einer um 1620 geschaffenen Malerei Hans Rottenhammers. Das Bild greift das Motiv der vier Personifikationen am Augustusbrunnen auf. Rottenhammer malte den Lech und die Wertach, die Singold und den Brunnenbach so, wie zuvor schon Hubert Gerhard die Verkörperungen der Gewässer auf dem Beckenrand positioniert hatte – den männlichen Lech und den weiblichen Brunnenbach östlich, die männliche Wertach und die weibliche Singold westlich.

Während aber Lech, Wertach und Brunnenbach unter der zentralen Augusta als Wasserschütter abgebildet sind, hält die Singold hier kein Mühlrad mehr, sondern ein Füllhorn mit Früchten: Sie wurde deshalb lange als Göttin des Überflusses interpretiert. Doch vermutlich verkörpert die mit dem Ährenkranz geschmückte Frau die 1588 trockengefallene Singold, deren Wasser seit einer Hochwasserkatastrophe südlich von Augsburg in die Wertach mündete. Die fünfte Figur, ein wasserschüttender Knabe, wurde als Brunnenbach verstanden. Er dürfte allerdings den Senkelbach personifizieren – das gemeinsame „Kind“ von Wertach und Singold: Seit der Zeit um 1590 wurde Wasser aus der Wertach ins frühere Flussbett der Singold geleitet. Der Platz des Jünglings zwischen den je zwei östlich und westlich fließenden Gewässern verstärkt den Eindruck, dass Rottenhammers Gemälde die

*Zwei geschnitzte und vergoldete Nymphen über dem Nordportal demonstrieren die Bedeutung des Wassers.*

um 1620 vom Wasserbau längst bleibend veränderte Konstellation der Personifikationen der Hauptgewässer am Brunnen korrigieren sollte.

Die Attribute der beiden vergoldeten Nymphen sind mit griechischen Inschriften versehen. Die Muschel der linken (westlichen) Figur trug früher die originale Inschrift „Das beste Geschenk“. Heute steht dort: „Aristokrates“. Vermutlich hat sich hier einer der Restauratoren, die in den Jahren bis 1995 an der Rekonstruktion dieser Figuren beteiligt waren, einen Spaß erlaubt. Auf der Kanne der rechten Nymphe steht die ursprüngliche Inschrift – „Alles kommt vom Wasser“.

» **Rathausplatz |** Der Goldene Saal im Renaissancerathaus kann täglich von 10 bis 18 Uhr besichtigt werden (mehr zum Saal: www.augsburg.de).

*Die Dauerausstellung im Maximilianmuseum zeigt einen Ausschnitt der weltweit einzigartigen Augsburger Modellkammer. Im Viermetzhof sieht man die originalen Bronzefiguren der drei Monumentalbrunnen (unten).*

## 21 Maximilianmuseum

Das Maximilianmuseum stellt in seiner stadtgeschichtlichen Sammlung Meisterwerke der Bildhauerei, Uhren und wissenschaftliche Instrumente, Porzellan und Fayence aus. Doch dieses Museum bietet auch einen Schnelldurchgang durch einige wesentliche Kapitel der historischen Augsburger Wasserkunst. Kunst im Sinne von Bildhauerei sieht man hier im glasüberdachten Viermetzhof: Denn dort stehen die Originale der restaurierten Brunnenbronzen. Den Augustus-, Merkur- und Herkulesbrunnen zieren heute originalgetreue Abgüsse.

*Die Bronzefigur des Merkur steht im Viermetzhof, der Wappner (unten) in einem der angrenzenden Räume.*

Die Steinfigur des Augsburger Wappners ist ein Denkmal der noch mittelalterlich geprägten süddeutschen Brunnenkunst aus der Epoche vor Hubert Gerhard und Adriaen de Vries: Das Werk des Augsburger Bildhauers Sebastian Loscher schmückte seit der Zeit um 1518 einen städtischen Röhrkasten am Judenberg – ungefähr an jener Stelle, an der heute der Merkurbrunnen steht. Die zweite Brunnenfigur der Augsburger Brunnengeneration aus der Zeit vor den manieristischen Monumentalbrunnen sieht man ebenfalls in einem Raum beim Viermetzhof. Die Figur des Wasser- und Meeresgottes Neptun für den gleichnamigen Brunnen war Augsburgs erste in Bronze gegossene Brunnenfigur in Lebensgröße. Die Figur wurde 1537 zwischen Rathaus und Perlachturm aufgestellt. Heute steht der Abguss des Neptun auf dem Jakobsplatz bei der Fuggerei.

Ein Meisterwerk der Bildhauerei und der Bronzegießkunst ist der Brunnenjüngling beim Viermetzhof. Die Figur eines Mannes, der eine Meeresschnecke hält, schuf de Vries um 1600 als Einlaufhahn über dem Reservoir des Kastenturms im Wasserwerk am Roten Tor. Den Brunnenjüngling findet man ebenso in einem Raum am Viermetzhof wie die Originalfigur des Neptunbrunnens. Der römische Wassergott ist sogar im barocken Deckenfresko des Felicitassaals präsent: Dort ist er über Vitrinen mit kostbarem Augsburger Silber abgebildet. Das

*Den Brunnenjüngling findet man in einem Museumsraum am Viermetzhof, ein Deckenfresko mit dem Abbild des Wassergottes Neptun im Felicitassaal (unten).*

Maximilianmuseum zeigt außerdem den hohen Stand der Augsburger Wasserkunst im Sinne von Handwerks- und Ingenieurskunst. In der Modellkammer im Museum – sie ist weltweit ohne Parallele – sind hydrotechnische Modelle sowie Modelle von Treppen für die Wassertürme im Format 1:12 oder 1:16 zu sehen. Die Brunnenmeister aus dem 17., 18. und 19. Jahrhundert haben die einst voll funktionsfähigen mechanischen und hydraulischen Modelle konstruiert. Die Modellkammer steht auf der Liste des national wertvollen Kulturguts.

» **Fuggerplatz 1** | Das Museum ist von Dienstag bis Sonntag von 10 bis 17 Uhr geöffnet (www.kunstsammlungen-museen.augsburg.de). Der Viermetzhof mit den dortigen Bronzefiguren ist frei zugänglich.

*Ein Höhepunkt der Ausstellung in der Toskanischen Säulenhalle des Zeughauses sind die hölzernen Relikte eines römischen Floßhafens am Lech. Aus der Wertach barg man einen bronzenen Pferdekopf (unten).*

## 22 Toskanische Säulenhalle im Zeughaus

In der Toskanischen Säulenhalle des Augsburger Zeughauses zeigt die Dauerausstellung „Römerlager. Das römische Augsburg in Kisten" Grabungsfunde aus der Zeit der römischen Siedlung und späteren Provinzhauptstadt „Augusta Vindelicum". Die Römer hatten schon 15 vor Christus die strategisch bedeutende Lage der Hochterrasse hoch über dem Zusammenfluss von Lech und Wertach erkannt und dort ein Militärlager eingerichtet. Ein zentrales Exponat der Römerschau sind einige Holzbalken – Relikte einer römischen Floßlände am Lech –, die 1994 an der Franziskanergasse beim Vincentinum entdeckt wurden. Das prominenteste Exponat hat mit der Wertach zu tun: Ein vormals vergoldeter bronzener Pferdekopf, Teil eines römischen Reiterdenkmals, wurde 1769 am Ufer des Flusses geborgen. Für ihr Brauchwasser bauten die Römer einen kilometerlangen Kanal bis zur Singold, Trinkwasser schöpften sie aus tief gegrabenen Brunnen.

» **Zeugplatz 4** | Die Ausstellung „Römerlager. Das römische Augsburg in Kisten" in der Toskanischen Säulenhalle im Zeughaus ist von Dienstag bis Sonntag von 10 bis 17 Uhr geöffnet. Weitere Informationen unter Tel. 08 21/3 24-41 31 | www.kunstsammlungen-museen.augsburg.de.

*Ein Brunnen im Hof des Höhmannhauses erinnert an einen Fugger, an Baumeister Elias Holl und an die einst luxuriösen Wasseranschlüsse der reichen Augsburger.*

## 23 Hofbrunnen an der Maximilianstraße

Bis 1879 versorgten die Wasserwerke vor allem öffentliche Brunnen auf den Straßen und Plätzen, erst dann erhielt jedes Anwesen einen Anschluss. Bis dahin war Trinkwasser ins Haus nur im Erdgeschoss – in der Regel über einen Brunnentrog im Innenhof – machbar. Diesen Luxus konnten sich nur wenige hundert reiche Bürger leisten. 1502 wurde die Bischofspfalz vom Wasserwerk beim Mauerberg aus mit kostenlosem Trinkwasser versorgt, 1503 auch das Benediktinerkloster St. Ulrich und Afra durch das Wasserwerk am Roten Tor. Dieses Privileg gewährte die Reichsstadt 1545 auch Anton, Hans Jakob und Georg Fugger. Erst seit 1558/60 konnten sich alle Bürger Röhrwasser ins Haus beziehungsweise in ihren Innenhof legen lassen. Für den Besitz eines Wasseranschlusses bezahlte man einmalig 200 Gulden – manches Haus war billiger – oder einen Wasserzins von zehn Gulden pro Jahr. Eine Magd erhielt (bei freier Kost und Logis) vier Gulden – jährlich.

In den großbürgerlichen Häusern entlang der Maximilianstraße waren der Hausanschluss und damit der Hofbrunnen obligatorisch. Erhalten sind nur einige der teils reich verzierten Brunnenbecken, zu besichtigen sind noch weniger. Zugänglich ist der Brunnen im Innenhof eines Stadtpalastes direkt neben dem Schaezlerpalais, dem Höhmannhaus (Maximilianstraße 48). Den dortigen Innenhof gliedert eine Arkadenwand im Stil der Renaissance. Auf dem mittleren Sprenggiebel sitzt ein Reichsadler auf einer vergoldeten Kugel über einem fünfeckigen

*Dieser gusseiserne Brunnenkasten im Innenhof des Leopold-Mozart-Zentrums erinnert an die alten Augsburger Patrizierfamilien Rehlinger und Ilsung.*

steinernen Brunnenbecken. Dieser Reichsadler ist wohl die Referenz eines reichen Fuggers an den Kaiser. Geplant und errichtet wurde diese Anlage vermutlich von Elias Holl. Augsburgs Stadtwerkmeister hielt in seiner Familienchronik fest, dass er 1625 den Kauf dieses Anwesens an Hieronymus Fugger (1584–1633), Herr von Wellenburg und Rettenbach, vermittelt habe. Und er – Holl – habe danach „auch viel darin gebaut". Als Benedikt Adam von Liebert dieses Bürgerhaus 1768 erwarb, erwähnte der Kaufvertrag neben Haus, Hof und Garten das dortige „Gefäß". Damit dürfte der Brunnen gemeint gewesen sein.

Ein auf 1734 datiertes Allianzwappen der Patriziergeschlechter Rehlinger und Ilsung ziert den fünfeckigen gusseisernen Brunnenkasten im Hof des Leopold-Mozart-Zentrums (Maximilianstraße 59). An dem ebenfalls zugänglichen Brunnen entdeckt man zwei Neptunreliefs. Nicht zugänglich ist der Hof des Eserhauses (Maximilianstraße 81). Über dem fünfeckigen Steinbecken und dem Einlaufhahn (ein Bronzedelfin) wird dort ein um 1630 entstandener Brunnen von dem Gemälde „Poseidon wirbt um Thetis" und (darüber, zwischen Terrakottavasen) von der Holzfigur des Gottes über einem Seepferd geschmückt. Im Hof des Boschhauses (Maximilianstraße 58, um 1600 das Haus eines Fuggers), steht ein gusseiserner viereckiger Brunnenkasten: Ein Relief über der Jahreszahl 1842 zeigt einen Putto, der auf einem Delfin reitet.

» **Maximilianstraße |** Der Zugang zu den Innenhöfen Maximilianstraße 48 und Maximilianstraße 59 ist zu den üblichen Geschäftszeiten möglich. Die Innenhöfe im Eser- und Boschhaus sind nicht öffentlich zugänglich.

*Mit einer eleganten Drehbewegung weist die Figur des Götterboten auf dem Pfeiler des Merkurbrunnens zum Himmel. Gott Amor (unten) schnürt seine Sandalen auf.*

## 24 Merkurbrunnen

Adriaen de Vries modellierte ab 1596 die Figuren des 1599 aufgestellten Merkurbrunnens. Der bald darauf von Kaiser Rudolf II. als Kammerbildhauer nach Prag berufene Niederländer hatte wie Hubert Gerhard beim stilprägenden Bildhauer dieser Epoche, Giambologna – dem aus den Niederlanden eingewanderten Jean de Boulogne – in Florenz gelernt. Giambologna hatte das Motiv der Figura serpentinata entwickelt, bei der Gott Merkur in eleganter Drehung und auf Zehenspitzen balanciert. Auch die überlebensgroße Augsburger Bronzefigur des Götterboten, kenntlich durch seine Attribute Flügelhelm und

*Wasserspeiende Adlerköpfe am Brunnen huldigen dem Kaiser und dem Reich. Wasserspeiende Hundeköpfe (unten) sind vielleicht eine Anspielung auf die Fugger.*

Botenstab, weist mit der Linken zum Himmel. Merkur zu Füßen kauert der kleine römische Liebesgott Amor, der dem Gott die Sandalen aufschnürt. Am Pfeiler speien jeweils zwei Medusenhäupter und Hundeköpfe sowie vier Adlerköpfe – Letztere sind Symbole der Verbundenheit der Reichsstadt mit dem Kaiser – Wasser. Die Löwenmasken am Brunnenpfeiler stammen wohl aus späterer Zeit. Die beiden Schriftkartuschen am Brunnenpfeiler nennen die Stadtpfleger Hans Welser und – zweimal – Octavian Secundus Fugger, die für die Errichtung des Merkurbrunnens verantwortlich waren. Ein Ziergitter umgibt (wohl seit 1713) das steinerne Brunnenbecken.

Mit dem Merkur griff de Vries ein Motiv auf, mit dem Hubert Gerhard 1590/93 einen Brunnen für den Augsburger Montanunternehmer Wolf Paller gestaltet hatte. Wie der Augustus- und der Herkulesbrunnen wird auch der Merkurbrunnen, der kleinste der Monumentalbrunnen, als Motiv zur Verherrlichung des Habsburgerkaisers interpretiert.

» **Moritzplatz** | In der warmen Jahreszeit ist der Merkurbrunnen jederzeit zu besichtigen. Beim Brunnen bewirtet Freiluftgastronomie. Die Originalfigur des Gottes Merkur sieht man im Maximilianmuseum. Im Winter werden die Bronzen am Brunnenpfeiler mit Ausnahme der zentralen Merkur-Amor-Gruppe durch eine Einhausung geschützt.

*Auf dem Pfeiler des Herkulesbrunnens erschlägt der Halbgott eine siebenköpfige Hydra. Am Pfeiler speien Tritonen – Begleiter des Meergottes – Wasser.*

## 25 Herkulesbrunnen

Adriaen de Vries schuf auch die Gussmodelle der Bronzen des 1602 in Betrieb genommenen Herkulesbrunnens. Der dritte Augsburger Monumentalbrunnen wurde der größte und figurenreichste. Auf dem Brunnenpfeiler erschlägt der Halbgott Herkules mit seiner Flammenkeule die Wasserschlange Hydra. Die Figur des Herkules ist wohl als Verherrlichung des Kaisers zu verstehen. Die in der griechischen Mythologie neunköpfige Hydra hat der Niederländer am Herkulesbrunnen mit lediglich sieben Köpfen modelliert. Die Siebenzahl kann als Anspielung auf die sieben Kurfürsten interpretiert werden, die der

*Drei sich waschende Grazien zieren den außerdem mit Bronzen von jeweils drei gänsewürgenden Knaben, Tritonen und Löwenmasken verzierten Brunnenpfeiler.*

Kaiser im Zaum hielt. Für diese These spricht auch der Standort vor den Fuggerhäusern, wo Kaiser Karl V. 1547/48 nach dem von ihm siegreich beendeten Schmalkaldischen Krieg während des Geharnischten Reichstags residierte. Vor den Fuggerhäusern hatte Karl V. 1548 Moritz von Sachsen mit der sächsischen Kurwürde belehnt. Die hatte der Kaiser zuvor Johann Friedrich I. von Sachsen genommen, weil dieser Kurfürst auf Seiten der Protestanten gegen ihn gekämpft hatte.

Den Brunnenpfeiler zieren die Bronzefiguren von jeweils drei sich waschenden Grazien über großen Muschelschalen, wasserspeienden Meeresmischwesen (Tritonen) und mit Gänsen kämpfenden Eroten, die wohl den Kampf des Herkules nachahmen. Drei feuervergoldete Reliefs am Pfeiler symbolisieren die römische Vergangenheit der Reichsstadt. An zwei dieser Reliefs entdeckt man das Monogramm des Bildhauers – „AF" steht für Adrianus de Fries (Adriaen de Vries). Die Namen der beiden für die Entstehung des Herkulesbrunnens verantwortlichen Stadtpfleger – Hans Welser und Octavian Secundus Fugger – überliefert eine Inschrift am Brunnenpfeiler. Mit dem Herkulesbrunnen war die weltweit einzigartige Brunnentrias in der zentralen Straßenachse der Innenstadt abgeschlossen. Anders als am Augustus- und am Merkurbrunnen wurde das Gitter um den Herkulesbrunnen abgebaut.

» **Maximilianstraße |** In der warmen Jahreszeit sind die Brunnenfiguren jederzeit zu besichtigen (Originale im Maximilianmuseum). Im Winter werden die Figuren mit Ausnahme der Herkules-Hydra-Gruppe mit einer Schutzverschalung abgedeckt.

*Der Pumpbrunnen in der Fuggerei ist heute lediglich ein Schaustück. Bis 1879 diente er jedoch – wie der kleine Schalenbrunnen (unten) – der Trinkwasserversorgung.*

## 26 Brunnen in der Fuggerei

Ehe 1879 das neue Wasserwerk am Hochablass in Betrieb ging, bezogen nur rund 25 Prozent der Augsburger ihr Trinkwasser aus einem Hausanschluss. Wie sich der weitaus größere Teil der Stadtbevölkerung mit Trinkwasser versorgte, zeigen zwei Denkmäler in der Augsburger Fuggerei. In der heute ältesten Sozialsiedlung der Welt stehen die Trinkwasserversorgungstechniken ärmerer Schichten – ein Pumpbrunnen und ein öffentlicher Röhrbrunnen – nur etwa 100 Meter voneinander entfernt in der zentralen Herrengasse. Mitten auf der Hauptkreuzung der Fuggerei plätschert der gusseiserne Schalenbrunnen, der wohl 1846 im Zuge der Neuverlegung der Wasserleitungen in der Fuggerei einen steinernen Röhrkasten ersetzte. Ebenfalls in der Herrengasse, bei der kleinen Kirche St. Markus, steht der letzte mehrerer Pumpbrunnen, mit denen Fuggereibewohner einst an das Grundwasser kamen. Wasser aus solchen Pumpbrunnen, die in der Jakobervorstadt oft wenige Schritte neben Versitzgruben lagen, waren noch bis in den Winter 1878/79 Auslöser von Cholera- und Typhusepidemien, an denen Hunderte starben.

» **Herrengasse (Eingang Jakoberstraße)** | Die Fuggerei ist täglich geöffnet (April bis September 8 bis 20 Uhr, Oktober bis März 9 bis 18 Uhr).

*Die lebensgroße Brunnenfigur des Wassergottes Neptun steht auf dem Jakobsplatz bei der Fuggerei.*

## 27 Neptunbrunnen

In der Jakobervorstadt, wenige Schritte vom Äußeren Stadtgraben beim Jakobertor und vom einstigen Standort des zerstörten Oberen St.-Jakobs-Wasserturms entfernt, steht auf dem Jakobsplatz zwischen der Kirche St. Jakob und der Fuggerei der Neptunbrunnen. Um seine bronzene Brunnenfigur ranken sich Geheimnisse: Weder ihre Entstehungsgeschichte noch der Bildhauer und der Gießer sind überliefert.

Unklar ist, ob die Figur des Neptun zunächst einen Brunnen im Garten des reichen, 1535 verstorbenen Raymund Fugger zierte. Klar ist aber, dass man diese Figur des Wassergottes Neptun einer Zeit zuzuordnen hat, in der sowohl das Motiv der nackten heidnischen Gottheit auf dem Pfeiler als auch der Guss einer lebensgroßen Bronzefigur nördlich der Alpen unüblich waren. Die belegbare Geschichte der Neptunfigur beginnt 1537, als der antike Gott auf dem Fischmarkt zwischen Rathaus und Perlachturm eine Brunnenfigur ersetzte, die den heiligen Bischof Ulrich darstellte. Für Katholiken wie Protestanten in der gemischtkonfessionellen Reichsstadt war der sozusagen neutrale Neptun ein konfliktvermeidender Kompromiss. Das Fischmotiv blieb immerhin erhalten: Die Ulrichsfigur hatte vermutlich einen Fisch in der Hand – der Wassergott hält in seiner Linken einen Delfin.

» **Jakobsplatz |** 1888 wurde der Neptunbrunnen – der zuvor an anderen Standorten in der Stadt aufgestellt worden war – auf dem Jakobsplatz bei der Fuggerei in Betrieb genommen. Auf dem Brunnenpfeiler steht heute ein Abguss. Das Original sieht man im Maximilianmuseum.

*Zwischen Jakobertor und Fünffingerlesturm (unten) ist der Äußere Graben noch immer 20 bis 30 Meter breit.*

## 28 Äußerer Stadtgraben

Nach dem Jahr 1339 wurde die östlich und tief unter der Oberstadt gelegene Jakobervorstadt mit einem Palisadenzaun und einem Graben gesichert. 1430 wurde dieser Stadtgraben vertieft und verbreitert, und 20 Jahre später hat man die zuvor einfache Stadtbefestigung durch eine mit Türmen und Bastionen bewehrte Stadtmauer ersetzt.

Der Äußere Stadtgraben wurde nicht nur von den Fischern genutzt, sondern trieb vor allem auch – ab 1609 und bis zur Stilllegung im Jahr 1879 – die Wasserräder der Kolbenpumpen in den beiden St.-Jakobs-Wassertürmen an. Der 20 bis 30 Meter breite Wassergraben, der die

*Ein Wehr staut den Stadtgraben beim Gänsbühl. An der nachfolgenden Kahnfahrt (unten) rudert man im breiten Wehrgraben, der den Oblatterwall umgibt.*

ganze Jakobervorstadt schützend umgab, ist im Abschnitt zwischen dem Jakobertor und der Bert-Brecht-Straße weitestgehend in voller Breite erhalten. Der Fünffingerlesturm und der Oblatterwall erinnern dort an die Wehrhaftigkeit der östlichen Stadtbefestigung.

» **Oblatterwallstraße, Gänsbühl, Bert-Brecht-Straße |** Dem Äußeren Stadtgraben kann man ab dem Jakobertor beiderseits folgen. Wegen der Aussicht auf den Fünffingerlesturm, auf den Unteren St.-Jakobs-Wasserturm und auf die Bastion beim Oblatterwall empfiehlt sich der Gehweg entlang der östlichen Seite. Dem Wassergraben besonders nah kommt man bei einer Brotzeit oder im Ruderboot in der „Augsburger Kahnfahrt" am Oblatterwall (Eingang über Gänsbühl und Riedlerstraße).

*1609 erbaute Elias Holl den Unteren St.-Jakobs-Wasserturm im Stil der Renaissance. Das kleine Wasserwerk lieferte Trinkwasser für Brunnen in der Jakobervorstadt.*

## 29 Unterer St.-Jakobs-Wasserturm

Bis 1843 versorgten neun Wassertürme in sieben Wasserwerken die Augsburger mit Trinkwasser. Zwei kleinere Wassertürme waren danach nicht mehr in Betrieb, die sieben anderen wurden bis 1879 (bis zur Inbetriebnahme des neuen Wasserwerks am Hochablass) genutzt. Als Architektur- und Technikdenkmal ist neben dem Wasserwerk am Roten Tor, dem Wasserwerk am Mauerberg und dem Wasserwerk am Vogeltor der Untere St.-Jakobs-Wasserturm am Gänsbühl erhalten. Um die Jakobervorstadt besser zu versorgen, beauftragte der Rat Stadtwerkmeister Elias Holl, den Architekten des Rathauses, mit dem Bau zweier Wassertürme. 1609 stellte Holl den Unteren St.-Jakobs-Wasserturm fertig.

Der baugleiche Obere St.-Jakobs-Wasserturm neben dem Jakobertor wurde 1944 zerstört. Das Trinkwasser dieser beiden Wasserwerke stammte jeweils aus Speisebrunnen. Die beiden Wasserräder ihrer Kolbenpumpwerke trieb der Äußere Stadtgraben an.

» **Gänsbühl 32** | Von außen ist der St.-Jakobs-Wasserturm jederzeit zu besichtigen. Innenbesichtigungen sind nur im Rahmen von Führungen möglich (Tel. 08 21/51 88 04 | www.buchhandlung-am-obstmarkt.de).

*Der Nördliche Stadtgraben verläuft zwischen der Schwedenstiege (wo einer der Venezianischen Muschelbrunnen steht, unten) und der hohen Herwartmauer.*

## 30 Nördlicher Stadtgraben

Der Nördliche Stadtgraben beginnt bei der heutigen Schwedenstiege und damit an der Stelle, an der bis 1867 das damals abgebrochene Oblattertor stand. Entlang dieses Abschnitts der Stadtbefestigung ist das Zusammenwirken des nassen Grabens und der hier weitgehend erhaltenen Wehrmauer auf der steilen Hangkante bei der Verteidigung Augsburgs in der Zeit des Dreißigjährigen Kriegs und des Spanischen Erbfolgekriegs noch sehr gut erkennbar. Den besten Blick auf den Nördlichen Stadtgraben hat man dort vom Weg vor der Stadtmauer aus, wo wenige Schritte nach der Schwedenstiege die Figur des „Stoinernen Ma“ an die Belagerung Augsburgs im Dreißigjährigen Krieg erinnert. Die Schutzfunktion des Nördlichen Stadtgrabens wird insbesondere an der mächtigen Herwartmauer beim Lueginsland verdeutlicht. Was nicht zu erkennen ist: Am Ende des Stadtgrabens fließt alles Wasser durch den Malvasierbach in Richtung Lech ab. Diese reiche Wasserkraft nutzte schon ein mittelalterliches Gewerbezentrum, an dessen Stelle später die Papierfabrik Haindl und die Maschinenfabrik Augsburg (heute MAN) entstanden.

» **Müllerstraße, Stephingerberg** | Zum schönsten Weg entlang des Stadtgrabens führt die Schwedenstiege hinauf zur Stadtmauer.

*Ein Wasserkraftwerk an der Johannes-Haag-Straße ist das letzte Zeugnis der einst größten Fabrik Bayerns.*

## 31 Werkskanäle im Textilviertel

So schön und romantisch wie zum Beispiel die Kanäle von Venedig oder Straßburg sind die Lechkanäle im Augsburger Textilviertel ganz sicher nicht. Allerdings hatten diese vom Hauptstadtbach und vom Kaufbach abgeleiteten Treibwasserkanäle – der Herrenbach, der Schäfflerbach und der Sparrenlech – schon im Mittelalter große Bedeutung für Augsburgs (Kunst-)Handwerk: Es nutzte Säge-, Schleif-, Polier- und Papiermühlen, Diamantschleifmühlen, Hammerwerke und andere vor den Stadtmauern von Wasserrädern angetriebene Werke.

Als im frühen 19. Jahrhundert der Siegeszug der Wasserturbinen begann, dauerte es nicht lange, bis an den Augsburger Lechkanälen die Wasserkraft mechanisch auf die Maschinen übertragen wurde. Binnen eines halben Jahrhunderts reihten sich die Fabriken wie Perlen an einer Schnur entlang der Kanäle. Im heutigen Textilviertel entstand eine Stadt vor der Stadt, gebildet von Fabrikschlössern und großen, heute meist umgenutzten Fabrikarealen. An der Verlängerung des Herrenbachs – am Proviantbach – ging 1840 die seinerzeit größte Fabrik Bayerns, der „Altbau" der Mechanischen Baumwollspinnerei und Weberei, in Betrieb. Auch an dieser Stelle ist heute (wie beinahe überall) von der früher riesigen Fabrik nur noch das einstige Turbinenhaus erhalten. Heute ist es ein stromerzeugendes Wasserkraftwerk.

» **Johannes-Haag-Straße 25** | Von der Brücke über den Proviantbach aus kann man das Wasserkraftwerk, das letzte Relikt des „Altbaus" der Mechanischen Baumwollspinnerei und Weberei, von außen besichtigen.

*Nur ein Seitenkanal des Proviantbachs trennt eine von Elias Holl erbaute Lechhütte vom einstigen Turbinenhaus der Mechanischen Baumwollspinnerei und Weberei.*

## 32 Holl'sche Lechhütte

Wo die Proviantbachstraße auf die Johannes-Haag-Straße stößt, ballen sich 300 Jahre Augsburger Wirtschaftsgeschichte. Neben dem ehemaligen Turbinenhaus der Mechanischen Baumwollspinnerei und Weberei ist die 1630 von Elias Holl errichtete Lechhütte am Proviantbach noch vollständig erhalten. Der Augsburger Stadtwerkmeister nutzte dort die Wasserkraft des Lechkanals, um auf dem Areal des reichsstädtischen Bauhofs eine von ihm gebaute Sägemühle anzutreiben. Von einem zweiten von Holl errichteten Stadel sind nur noch die historischen Mauerpfeiler erhalten. Wenige Meter entfernt – südlich der Johannes-Haag-Straße – teilt sich der Proviantbach bei einem hölzernen Schleusenhaus. Folgt man dort der östlich des Lechkanals verlaufenden Proviantbachstraße, steht man bald vor den Blankziegelfassaden des bis 1900 anstelle des Bauhofs errichteten städtischen Schlacht- und Viehhofs. Den besten Blick auf das Ensemble – mit dem Proviantbach im Vordergrund – hat man von der Westseite des Kanals (von der Zimmererstraße) aus.

» **Johannes-Haag-Straße 27** | Die Holl'sche Lechhütte ist derzeit nur von außen zu besichtigen. Das Areal (wo zudem ein Barockstadel von 1752 steht) und der Seitenarm des Proviantbachs werden sukzessive saniert.

*Das Staatliche Textil- und Industriemuseum (tim) vermittelt die Bedeutung der Kanäle für die Fabriken: Eine dieser Kraftquellen war der nahe Schäfflerbach (unten).*

## 33 Staatliches Textil- und Industriemuseum

In unmittelbarer Nachbarschaft des von Stadtwerkmeister Elias Holl 1611 und 1630 erbauten ehemaligen reichsstädtischen Bauhofs – den Lechhütten – begann in Augsburg 1840 das Turbinenzeitalter. Damals weihte die Mechanische Spinnerei und Weberei Augsburg (SWA) dort ihre erste Fabrik ein. Das Werk I – genannt der „Altbau" – war der größte Fabrikkomplex Bayerns. Zwei von der SWA installierte Wasserturbinen waren die ersten Augsburgs.

Das Werk I der SWA wurde im Jahr 1968 – wie so viele andere Augsburger Fabrikschlösser davor und danach – abgerissen. Und auch hier ist das einstige Turbinenhaus über dem Proviantbach, in dem heute Strom erzeugt wird, das letzte Relikt einer großen Vergangenheit. Wie der „Altbau" der SWA ausgesehen hat, zeigt das Staatliche Textil- und Industriemuseum Augsburg (tim) im Textilviertel gleich zweimal: Diese Fabrik mit ihrem (vor dem Abriss etwas kleineren) Turbinenhaus über dem Proviantbach ist auf einer kolorierten Grafik in der Ausstellung des Textil- und Industriemuseums abgebildet. Ein Baumodell dieser Fabrik, ihres Turbinenhauses (mit damals drei Fensterachsen) und das Miniaturmodell einer Turbine von 1840 ist in einer der Vitrinen zu besichtigen.

*Das Museum zeigt die früheste Augsburger Fabrik, die Wasserturbinen nutzte, gleich zweimal: Das erste Werk der Mechanischen Spinnerei und Weberei Augsburg ist als Modell und als kolorierte Grafik (unten) zu sehen.*

Bald nach 1840 reihten sich die Fabrikschlösser zu beiden Seiten der Industriekanäle. Die älteste Textilfabrik – die Augsburger Kammgarnspinnerei (AKS) am Schäfflerbach – produzierte ab 1836 zunächst in den Gebäuden einer früheren Tabakmühle. Ab 1845 entstanden neue Fabrikbauten. Sogar noch bis in die 1990er-Jahre war die Kammgarnspinnerei ein führender Hersteller. Dann wurde auch diese Textilfabrik (immerhin nur teilweise) abgebrochen.

Im nördlichen Kopfbau des Fabrikkomplexes ist seit dem Jahr 2010 das Staatliche Textil- und Industriemuseum Augsburg (tim) unterge-

*Um Mode für den Spaß im Wasser geht es in einer der Vitrinen des Museums. Das „tim" zeigt auch Maschinen (unten), die früher von fabrikeigenen Wasserkraftwerken mittels Transmissionen oder Strom angetrieben wurden.*

bracht. Das Museum widmet sich vier „M" – Menschen, Mustern, Moden sowie Maschinen. Wasser spielt auch bei den Textilien in einer der Vitrinen der Dauerausstellung eine tragende Rolle: Dort zeigt das „tim" nämlich den langen Weg der Bademoden bis zum knappen Bikini.

» **Provinostraße 46 |** Das Staatliche Textil- und Industriemuseum Augsburg (tim) zeigt die Geschichte der bayerischen Textilindustrie. Augsburgs Fabrikanten und ihre an den Kanälen von Lech und Wertach erbauten Manufakturen und Fabrikschlösser spielen in der Ausstellung eine große Rolle. Information: Tel. 08 21/8 10 01-50 | www.timbayern.de

*Ein seltener Schirmglockengenerator von 1923 ist als Technikdenkmal im Inneren des Proviantbachkraftwerks (unten) am gleichnamigen Lechkanal erhalten geblieben.*

## 34 Proviantbachkraftwerk

Das Proviantbachkraftwerk ist ein typisches Beispiel für jene Wasserkraftwerke, die als letzte heute noch bestehende Bauten an längst abgebrochene Fabrikschlösser (hier an die riesige Baumwollspinnerei am Stadtbach) erinnern. An der Stelle des heutigen Wasserkraftwerks lag 1858 am kurz zuvor verlängerten Proviantbach das Turbinenhaus der Textilfabrik. Ab 1923 versorgte das neu erbaute Wasserkraftwerk an diesem Lechkanal die benachbarte Baumwollspinnerei mit Strom. Gebaut wurde das Proviantbachkraftwerk im schnörkellosen Stil der Neuen Sachlichkeit – anders als zum Beispiel das nahegelegene Wasserkraftwerk auf der Wolfzahnau, das lediglich 20 Jahre früher noch im historisierenden Stil und mit einer Blankziegelfassade errichtet worden war. Im Inneren des Proviantbachkraftwerks hat der wasserkraftbegeisterte Betreiber ein ebenso imposantes wie seltenes Technikdenkmal erhalten – einen massigen Schirmglockengenerator, den die AEG 1923 lieferte.

» **Franz-Josef-Strauß-Straße 1 |** Das Proviantbachkraftwerk befindet sich in Privatbesitz. Es kann als Station des „Augsburger Wasserpfads" besichtigt werden. Informationen unter info@recon-energy.de oder unter wasserpfad.augsburg-tourismus.de.

*Das Wasserkraftwerk auf der Wolfzahnau ging 1902 in Betrieb. Der Hochwassermaschinensatz im Inneren ist ein beeindruckendes Technikdenkmal (unten).*

## 35 Wasserkraftwerk auf der Wolfzahnau

Auf der Wolfzahnau – der Landzunge im Mündungsdreieck von Lech und Wertach – strömen die Wassermassen sämtlicher durch die Stadt geleiteten Lechkanäle in den flussähnlichen Vereinigten Stadt- und Proviantbach. Er wurde 1901 als Antriebskanal für das Wasserkraftwerk auf der Wolfzahnau gegraben, das 1902 in Betrieb ging, um Strom für die Baumwollspinnerei am Stadtbach zu liefern. Der letzte Lechkanal im Gebiet der Stadt mündet kurz nach dem Unterwasser des Wasserkraftwerks in den Lech. In dem schlossähnlichen, später erweiterten Kanalquerbau des Augsburger Architekten Karl Albert

*Beim Unterwasser des Wasserkraftwerks auf der Wolfzahnau liegt die Nordspitze dieser Halbinsel (unten).*

Gollwitzer wird noch immer (heute mit modernen Maschinensätzen) Strom erzeugt. Hinter der denkmalgeschützten gelb-roten Blankziegelfassade verbirgt sich der funktionsfähige Hochwassermaschinensatz von 1913. Sein mächtiger Schwungradgenerator ist mit fünf Metern Durchmesser ein auch optisch imposantes Technikdenkmal.

Beim Unterwasser des Wasserkraftwerks liegt die Nordspitze der Wolfzahnau. Am Ende dieser urwaldähnlichen Halbinsel mündet kurz nach dem Wasserkraftwerk die Wertach in den Lech.

» **Wolfzahnau 1** | Das Wasserkraftwerk auf der Wolfzahnau ist in Privatbesitz. Es kann als Station des „Augsburger Wasserpfads“ besichtigt werden (info@recon-energy.de | wasserpfad.augsburg-tourismus.de).

*Die Singold treibt kurz vor der Mündung in den Fabrikkanal die Kraftwerke bei der Hessingburg (oben) und der früheren Zwirnerei und Nähfadenfabrik Göggingen an.*

## 36 Singoldkanal und Wertachkanäle

Rund zwölf Kilometer lang ist das System der Kanäle an der Wertach. Als die Singold nach einem Hochwasser trockenfiel, wurde um 1590 der Senkelbach gegraben: Er war – nach dem Hettenbach – der erste Kanal, durch den Wertachwasser floss. An der kanalisierten Singold bei der Gögginger Hessingburg und neben der ehemaligen Zwirnerei und Nähfadenfabrik Göggingen (ZNFG) an der Apprichstraße zeugen zwei vor 1900 errichtete, erst später zu stromerzeugenden Wasserkraftwerken umgerüstete Turbinenhäuser von der Bedeutung des ehemaligen Mühlenflusses für die Industrialisierung des (damaligen)

*Das zweite Turbinenhaus der ZNFG entstand am Fabrikkanal. Seine Verlängerung ist der Wertachkanal, wo 1921 ein weiteres Wasserkraftwerk (unten) in Betrieb ging.*

Dorfes Göggingen. Ein weiteres, 1885 erbautes Turbinenhaus dieser Textilfabrik steht am damals neu gegrabenen benachbarten Fabrikkanal (über die Fabrikstraße zu Fuß zu erreichen). In allen drei ehemaligen Turbinenhäusern erzeugt man heute Strom aus Wasserkraft.

Als Verlängerung des Fabrikkanals wurde 1920 der Wertachkanal gegraben. Dort versorgte ab 1921 das neue Wertachkraftwerk an der Schießstättenstraße Augsburgs Straßenbahnen mit Strom.

» **Apprichstraße, Fabrikstraße, Schießstättenstraße 19** | Alle vier Kraftwerke sind von außen zu besichtigen. Im innen sehenswerten Wertachkraftwerk sind Führungen möglich (info@recon-energy.de).

# Im Landkreis Augsburg

## Wasserwirtschaft am Lechkanal und Wassergeschichte auf dem Lechfeld

*Anderthalb Kilometer nach der Mündung der Wertach in den Lech beginnt der Nördliche Lechkanal. Sein Einlaufwerk (unten) lenkt Flusswasser in den Werkskanal.*

## 37 Nördlicher Lechkanal

Ab 1898 wurde nördlich der Augsburger Stadtgrenze – parallel zum Lechmutterbett – der Nördliche Lechkanal gegraben und eingedeicht. Stromerzeugung aus Wasserkraft war seinerzeit nicht das einzige Ziel dieses ehrgeizigen Bauprojekts. Der 1892 gegründete „Verein zur Hebung der Fluß- und Kanalschiffahrt in Bayern" sah darin auch die Chance, parallel zum Lechmutterbett einen Kanal als Schifffahrtsstraße von Augsburg bis zur Donau entstehen zu lassen.

Um ein im damaligen Industriedorf Gersthofen projektiertes Wasserkraftwerk (das erste stromerzeugende Wasserkraftwerk der Region) mit Treibwasser zu versorgen, setzte man anderthalb Kilometer nach der Nordspitze der Wolfzahnau ein 80 Meter breites Stauwehr mit einem Einlaufwerk in den Fluss. Dort wird das Lechwasser in den 28,5 Meter (der im Ober- und Unterwasser der Kraftwerke deutlich breiter ausfällt) ausgeleitet. Der erste Kanalabschnitt für das Wasserkraftwerk in Gersthofen war zunächst nur vier Kilometer lang. Bis 1907 wurde der Nördliche Lechkanal für das sechs Kilometer entfernte Wasserkraftwerk in Langweid erweitert und bis 1922 für das Kraftwerk in Meitingen ein zweites Mal verlängert.

*Der Lechkanal ist abseits der drei Kraftwerke mehr als 28 Meter breit. In den Resten der Lechauen unweit von Langweid wachsen imponierende Baumriesen (unten).*

Am Ende war das weitgehend im Originalzustand erhaltene industriearchäologische Denkmal auf eine Gesamtlänge von 17,8 Kilometern – parallel zum Flussbett bis zum Auslaufwerk bei Ostendorf – ausgebaut worden. Entlang des Lechkanals und des Lechmutterbetts sind nahe Langweid (bei Todtenweis) und nahe Thierhaupten Relikte der einstigen Auwälder des Lechs erhalten. Auf den Kanaldämmen findet man eine artenreiche Fauna und Flora mit teils seltenen Spezies.

» **Stadt Gersthofen, Gemeinde Langweid, Markt Meitingen |** Den Lechkanal auf dem Gebiet dieser drei Kommunen begleiten beiderseits Kanaldämme, die sich für Wanderungen und Radtouren anbieten. Das Lechmuseum Bayern in Langweid hält die Geschichte des Kanals fest.

*Das Wasserkraftwerk am Lechkanal bei Gersthofen war das erste stromerzeugende Kraftwerk in der Region Augsburg: 1901 ging es in Betrieb. Der erste Abschnitt des Nördlichen Lechkanals (unten) wurde zunächst nur für dieses Wasserkraftwerk gegraben.*

## 38 Wasserkraftwerk Gersthofen

1901 ging das Wasserkraftwerk Gersthofen als das erste im Großraum Augsburg sowie als erstes großes Wasserkraftwerk am Lech und in Bayern in Betrieb. Bis zu diesem Zeitpunkt wurde die Wasserkraft des Lechs ausschließlich von Wasserturbinen durch mechanische Kraftübertragung (Transmission) auf die Maschinen benachbarter Fabriken übertragen. Fünf stromerzeugende Turbinen des Gersthofer Wasserkraftwerks versorgten zwar zunächst in erster Linie ein benachbartes Chemiewerk, doch außerdem wurden auch umliegende Städte und Gemeinden elektrifiziert.

Der rund 80 Meter breite Blankziegelbau im Stil des Historismus ist architektonisch weitgehend original erhalten: Er steht nicht nur unter Denkmalschutz: Seit 2019 ist dieses Wasserkraftwerk auch ein Denkmal des UNESCO-Welterbes „Augsburger Wassermanagement-System“. Das im architektonischen Stil der Wilhelminischen Ära gestaltete Wasserkraftwerk wurde noch mit einer 8,6 Meter breiten Kammerschleuse mit beinahe zwei Metern Tiefgang (heute der Leerschuss) und einer Floßgasse gebaut. Um 1900 waren die projektierte Flussschifffahrt und die (nur noch ein paar Jahre betriebene) Lech-

*Im Inneren des Gersthofer Wasserkraftwerks entdeckt man ein Baumodell des Kraftwerks. Bis 1911 wurde hier auch noch ein Dampfkraftwerk (unten) errichtet.*

flößerei bei der Planung also noch relevant gewesen. Bis 1911 entstand zur Absicherung der Stromversorgung zudem ein Dampfkraftwerk. Dieser zweischiffige Hallenbau wurde 1941 nochmals erweitert.

Das Wasserkraftwerk ist nur im Rahmen von vereinbarten Führungen zu besichtigen. Wenn das Gelände nicht zugänglich ist, sieht man das Unterwasser des Kraftwerks recht gut von einer Brücke über den Kanal (an der Adolf-von-Baeyer-Straße) aus.

» **Adolf-von-Baeyer-Straße 1, Gersthofen** | Mehr zur Geschichte des Wasserkraftwerks Gersthofen erfährt man im Lechmuseum Bayern in Langweid. Weitere Informationen unter www.bew-augsburg.de.

*Das 1907 in Betrieb genommene Wasserkraftwerk in Langweid beherbergt das Lechmuseum Bayern (unten).*

## 39 Wasserkraftwerk Langweid

Schon 1907 ging mit dem Wasserkraftwerk in Langweid das zweite stromerzeugende Kraftwerk am Nördlichen Lechkanal in Betrieb. Bereits kurz nach der Fertigstellung des ersten Wasserkraftwerks in Gersthofen war dieses Projekt geplant worden. 1903 hatte die neu gegründete Lech-Elektrizitätswerke Aktien-Gesellschaft mit Sitz in Augsburg – heute Lechwerke AG (LEW) – die Elektrische-Actien-Gesellschaft vormals W. Lahmeyer & Co. (EAG) als Eigentümerin abgelöst. 1905 erhielt das Unternehmen die Konzession für das Wasserkraftwerk in Langweid, für das der Lechkanal verlängert wurde. Im neuen, im Historismusstil errichteten Wasserkraftwerk erzeugten ab

1907 vier Francis-Turbinen der Maschinenfabrik Augsburg Strom. Da die Flößerei noch eine Rolle spielte und die Planungen für die Schifffahrt durch den bis zu 40 Meter breiten Lechkanal zur Donau noch nicht ad acta gelegt worden waren, erhielt der 75 Meter lange Kraftwerksbau auch eine Floßschleuse. Eine Schiffsschleuse wurde eingeplant und durch Bettungsarbeiten vorbereitet.

In dem Historismusbau wurde 2008 das Lechmuseum Bayern eröffnet. Dieses Museum verdeutlicht multimedial die Bedeutung des Flusses, seine wirtschaftliche Nutzung, seine Geschichte und die Natur im

*Die Auslaufkammer des Turbinenhauses ist ein begehbares Technikdenkmal. Vor der Turbinenkammer steht noch das Polrad des Generators von 1907 (unten).*

Lechtal. Das zentrale Exponat ist das Architekturdenkmal selbst. Die Turbinenkammer, ein Technikdenkmal von 1907, kann man begehen. Die Ausstellung im Erdgeschoss, in den beiden Ebenen der Turbinenkammer und in zwei Stockwerken darüber bringt die Stromerzeugung aus Wasserkraft sowie die Geschichte des Energieversorgers Lechwerke nahe. Zur Kraftwerkstechnik informiert der Turbinenpfad im Gebäude. Im Außenbereich erklären acht Stationen eines Kraftwerkspfads die Bau- und Funktionsweise des Wasserkraftwerks.

» **Lechwerkstraße 19, Langweid a. Lech |** Das Lechmuseum Bayern ist an jedem ersten Sonntag im Monat von 10 bis 18 Uhr geöffnet oder bei Führungen zu besichtigen (Tel. 08 21/3 28-16 58 | www.lechmuseum.de).

*Im Wasserkraftwerk Meitingen, einem Bauwerk im Stil der Neuen Sachlichkeit, erzeugt noch immer die originale Maschinenausstattung von 1922 (unten) Strom.*

## 40 Wasserkraftwerk Meitingen

Mit dem Wasserkraftwerk in Meitingen entstand zwischen 1920 und 1922 das dritte und letzte Wasserkraftwerk am Nördlichen Lechkanal. Im architektonischen Stil der Neuen Sachlichkeit wurde es 60 Meter breit quer über dem Lechkanal errichtet. Noch immer erzeugen dort die originalen Maschinensätze von 1922 Strom. Das Wasserkraftwerk liegt bei Kanalkilometer 14,5. Gut drei Kilometer weiter nördlich gibt der Nördliche Lechkanal bei Ellgau sein Wasser an das parallel verlaufende Lechmutterbett zurück. Durch das dritte Wasserkraftwerk der Lechwerke AG sowie mit der damit verbundenen letzten Verlängerung des Nördlichen Lechkanals wurde das innerhalb der Stadtgrenzen fast 160 Kilometer lange Kanalnetz der historischen Augsburger Wasserwirtschaft um weitere knapp 18 Kilometer im nördlichen Landkreis Augsburg verlängert.

» **Bernhardt-Monath-Straße 46, Meitingen** | Das Lechmuseum Bayern in Langweid beschreibt die Entstehung dieses Wasserkraftwerks (mehr Informationen dazu unter www.bew-augsburg.de). Eine Radwanderung auf dem Damm des Lechkanals zwischen Augsburg und Meitingen kann bis zum Klostermühlenmuseum im sechs Kilometer entfernten Thierhaupten und auf die andere Seite des Lechs verlängert werden.

*Die Wasserkraft der Friedberger Ach im Mühlkanal in Thierhaupten treibt noch heute das Mühlrad einer ehemaligen Getreidemühle (unten) an.*

## 41 Klostermühlenmuseum Thierhaupten

Schon vor 450 Jahren klapperte eine Mühle des von Benediktinern in Thierhaupten gegründeten Klosters am Mühlkanal an der Friedberger Ach. Die heutige, um die Mitte des 19. Jahrhunderts erbaute und 1959 stillgelegte Mühle beherbergt seit 1997 das Klostermühlenmuseum Thierhaupten. Dieses Museum erklärt die vier Mühlentypen, die einst vom Benediktinerkloster betrieben wurden. Neben der Getreidemühle findet man ein nachgebautes Hadernstampfwerk der Papiermühle, die das Papier für die Schreibstube sowie für die Druckerei des Klosters lieferte. Eine weitere Abteilung zeigt die Technik alter Ölmühlen, ein Funktionsmodell verdeutlicht zudem die Mechanik einer Sägemühle. Die 92 Kilometer lange Friedberger Ach trieb früher zahlreiche Mühlräder im Lechtal an. Sie fließt parallel zum Lech ihrer Mündung in die Donau entgegen.

» **Franzengasse 21, Thierhaupten |** Das Klostermühlenmuseum Thierhaupten gehört zwar nicht zu den Stätten der historischen Augsburger Wasserwirtschaft. Doch gerade dieses Museum informiert ausführlich zur Wasserkraftnutzung (1. Mai bis Ende Oktober: Dienstag/Donnerstag 9 bis 12 Uhr, Mittwoch, Freitag, Sonn- und Feiertag 14 bis 17 Uhr sowie bei Führungen: Tel. 0 82 71/53 49 | www.klostermuehlenmuseum.de).

*Ein Gemälde in der Wallfahrtskirche Maria Hilf zeigt das weite, zur Entstehungszeit fast baum- und strauchlose Lechfeld südlich von Augsburg. Auf diesem Bild ist eine jener Rinnen des Lechs zu erkennen, die man jahrhundertelang als lebensgefährliche Fallen fürchtete.*

## 42 Maria Hilf Klosterlechfeld

Wie der reißende Gebirgsfluss, der er einmal war, wirkt der im Zuge von Flusskorrektionen begradigte und vielfach gestaute Lech heute nicht mehr. Und doch hat es mit den einst vom Lech ausgehenden tödlichen Gefahren zu tun, dass die Witwe des Augsburger Bürgermeisters Raimund von Imhof eine Wallfahrtskapelle stiftete. Diese Stiftung erfolgte, weil sich Regina von Imhof auf einer Kutschfahrt von Augsburg zu ihrem Schloss in Untermeitingen im dichten Nebel des Lechfelds verirrt hatte: In ihrer Todesangst und als Dank für ihre Errettung aus der Gefahr gelobte sie den Bau einer Kapelle zu Ehren der Gottesmutter. Der Augsburger Stadtwerkmeister Elias Holl plante den Sakralbau, dessen Ausführung 1603/04 sein Bruder Esaias übernahm. Der ursprünglich wohl fensterlose Rundbau mit Kuppel und Laterne bildet heute die Chorrotunde der Wallfahrtskirche Maria Hilf in Klosterlechfeld. Erst 1656/59 wurde das Langhaus der barocken Wallfahrtskirche im südlichen Landkreis Augsburg angebaut.

Im Langhaus hängt ein auf den ersten Blick unscheinbares Gemälde, das den Beweggrund der Stiftung Regina von Imhofs erkennen lässt. Es zeigt die durch Beweidung und Brennholznutzung fast baum- und buschlose Landschaft des Lechfelds, im Hintergrund sind die Türme der Reichsstadt Augsburg zu erkennen. Im Vordergrund bewegt sich

*Der Augsburger Baumeister Elias Holl plante den von Regina von Imhof gestifteten ursprünglichen Rundbau der Wallfahrtskirche. Die Rotunde (unten der Blick in das Innere) wurde bis 1659 um das Langhaus erweitert.*

eine Gruppe Wallfahrer entlang eines der damals noch zahlreichen Nebenarme des Lechs. Diese Rinnen des unregulierten Flusses bildeten bei Nacht und Nebel eine lebensgefährliche Falle. Bedingt durch die Corioliskraft, vor allem aber durch wasserbauliche Maßnahmen liegt der Lech südlich von Augsburg deutlich weiter östlich als zu Zeiten Regina von Imhofs. Die Flusskorrektion hat zwar die Wege an den Ufern des Lechs sicher werden lassen, allerdings auch die früher einzigartig artenreiche Naturlandschaft massiv beeinträchtigt.

» **Franziskanerplatz 6, Klosterlechfeld |** Mehr zur Wallfahrtskirche Maria Hilf unter www.lechfeld-pfarreien.de.

# Sieben Wege zum Wasser

Stadtspaziergänge und Radtouren zum Welterbe Wasserwirtschaft

*An der Spitalgasse beim Roten Tor starten drei Stadtspaziergänge zu Denkmälern der Augsburger Wasserwirtschaft. Dort stehen zwei der Wassertürme und ein Brunnenmeisterhaus des benachbarten Wasserwerks.*

## Wege zur Wasserwirtschaft: dreimal zu Fuß

Es gibt natürlich viel mehr Wege zu Denkmälern der historischen Wasserwirtschaft. Doch die drei folgenden leichten Spazierwege führen schon an etlichen der schönsten Sehenswürdigkeiten vorbei.

### Fußweg 1: Um das Wasserwerk am Roten Tor – Wassertürme, Brunnenmeisterhäuser und das Aquädukt (circa 1,4 km)

Man startet im Schatten des Roten Tors beim **8** Oberen Brunnenmeisterhaus des Wasserwerks am Roten Tor. Hinter dem Baudenkmal am Vorderen Lech stehen zwei Wassertürme – der **6** Große und der Kleine Wasserturm. Den besten Blick auf das gesamte Architekturensemble hat man vom Brunnenmeisterhof aus, zu dem man über die Spitalgasse und den Platz Beim Rabenbad sowie durch den anschließenden Innenhof des Heilig-Geist-Spitals kommt. Am einstigen Werkhof der Brunnenmeister stehen der **10** Kastenturm und das **9** Untere Brunnenmeisterhaus (Schwäbisches Handwerkermuseum). Von dort sieht man die andere Seite des **6** Großen und Kleinen Wasserturms sowie den letzten Abschnitt des gemauerten **7** Aquädukts.

Vom Brunnenmeisterhof spaziert man zurück zum Platz Beim Rabenbad und von da über den dortigen Kräutergarten in die Rote-Torwall-Anlagen. Dort folgt man dem Spitalbach bachaufwärts – entlang dem

*Mitten in der Stadt kommen Spaziergänger zu stillen Ecken am Wasser – im Kräutergarten am Platz Beim Rabenbad ebenso wie in der Grünanlage im früheren Stadtgraben an der Bastion am Roten Tor (unten).*

13 Südlichen Stadtgraben bis zum Blick auf die gemauerten Bögen des 7 Aquädukts des Wasserwerks am Roten Tor. Dieser Rundgang um das Wasserwerk führt am Ende entlang der Rote-Torwall-Straße um die Bastion beim Roten Tor (heute Freilichtbühne) und zurück zum Ausgangspunkt, dem 8 Oberen Brunnenmeisterhaus.

Abstecher: Unter der kleinen Fußgängerbrücke an der Nordseite des Kräutergartens mündet der Brunnenmeisterbach in den Spitalbach. Dem nächsten Abschnitt des Südlichen Stadtgrabens kann man bis zum Wasserwerk am Vogeltor und/oder an den Schwallech im Lechviertel folgen.

Tipp 1: Am Venezianischen Muschelbrunnen beim Roten Tor (Spitalgasse) kann man unbehandeltes Augsburger Trinkwasser kosten. Dort sprudelt einer der Trinkbrunnen der Stadtwerke Augsburg, an denen sich Spaziergänger im Stadtgebiet gratis erfrischen dürfen.

Tipp 2: Im Heilig-Geist-Spital beim Wasserwerk am Roten Tor lohnt sich der Besuch des Puppentheatermuseums „die Kiste", das die Stars unter den Marionetten der Augsburger Puppenkiste ausstellt.

Tipp 3: Rechts vom Brunnenhof führt ein Weg hoch zur Bastion – von dort schaut man über das ganze Wasserwerk.

Karte: Siehe Umschlag hinten (innen)

*An warmen Sommertagen ist der Augustusbrunnen ein beliebter Treffpunkt im Zentrum der Stadt.*

## Fußweg 2: Vom Wasserwerk am Roten Tor zu den Monumentalbrunnen und zur Modellkammer (circa 1,5 km, als Rundweg 2,7 km)

Man startet erneut beim 8 Oberen Brunnenmeisterhaus unter dem Roten Tor. Zu den Monumentalbrunnen geht es in die Spitalgasse und danach links den Milchberg hinauf zur Basilika St. Ulrich und Afra. An den Ulrichsplatz schließt sich die Maximilianstraße an. Bereits von Weitem sieht man den jüngsten der drei Monumentalbrunnen, den 25 Herkulesbrunnen. Die Maximilianstraße entlang geht man in Richtung Norden (mit Blick auf die Türme von Rathaus und Dom) bis zum 24 Merkurbrunnen auf dem Moritzplatz. Der dort anschließenden kurzen Maximilianstraße folgt man bis zum Rathausplatz, auf dem der 19 Augustusbrunnen steht. Von dort kommt man über die Philippine-Welser-Straße zum 21 Maximilianmuseum am Fuggerplatz (Modellkammer und Originale der Brunnenfiguren). Wer will, kehrt entlang der 11 Lechkanäle im Lechviertel – der Weg dorthin führt über den Judenberg beim Moritzplatz – zum Ausgangspunkt, dem 8 Oberen Brunnenmeisterhaus, zurück (circa 1,2 km zusätzlich).

Abstecher: Im Hof hinter dem Oberen Brunnenmeisterhaus stehen der Große und der Kleine Wasserturm sowie der Kastenturm und das Untere Brunnenmeisterhaus (siehe Fußweg 1 – circa 350 m einfach).
Tipp: Bei den Monumentalbrunnen bewirtet an warmen Tagen Gastronomie unter freiem Himmel, jederzeit das Café im Maximilianmuseum.
Karte: Siehe Umschlag hinten (innen)

*Beim Kloster St. Ursula teilt sich der wasserreiche Schwallech in den Mittleren Lech und Hinteren Lech.*

### Fußweg 3: Fünf Wassertürme, die Lechkanäle im Lechviertel und die wasserreichen Stadtgräben (circa 5,3 km)

Auch diese Tour beginnt am Roten Tor vor dem 8 Oberen Brunnenmeisterhaus: Direkt dahinter erheben sich der 6 Große Wasserturm und der Kleine Wasserturm. Diese Bauten verdecken hier den Blick auf den 10 Kastenturm und das 9 Untere Brunnenmeisterhaus. Durch die Spitalgasse, über den Platz Beim Rabenbad und durch den Innenhof des Hospitalstifts St. Margaret spaziert man entlang des Vorderen Lechs bis zur Margaretenstraße. Nachdem diese Straße überquert ist, führt der Weg rechter Hand entlang an 11 Lechkanälen im Lechviertel über die Schwibbogengasse – vorbei am 12 Wasserrad am Schwallech – und durch die Gassen Beim Schnarrbrunnen und Am Schwall zur Gasse Bei St. Ursula. Beim Kloster St. Ursula teilt sich der Schwallech in den Mittleren und den Hinteren Lech. Nur wenige Schritte nach dieser Stelle beginnt die Gasse Mittlerer Lech, der man bis zur Barfüßerstraße durch das gesamte Lechviertel folgt.

Man überquert die Barfüßerstraße und spaziert danach rechts in die Gasse Auf dem Rain. Am Brechthaus vorbei gelangt man über die Schmiedgasse und den stark befahrenen Leonhardsberg (Ampel an der Kreuzung) über den Mittleren Graben und Bei den Sieben Kindeln zum Unteren Graben. Dort steht der Untere Brunnenturm des 17 Wasserwerks beim Mauerberg: Die gusseiserne Zirbelnuss-Kanalbrücke leitet hier das Wasser aus dem 15 Inneren Stadtgraben über

*Am Venezianischen Muschelbrunnen beim Roten Tor steht einer der Trinkwasserbrunnen im Stadtgebiet.*

den Stadtgraben. Man folgt nun unterhalb der Stadtmauer der Straße Unterer Graben, bis man rechts in die Bert-Brecht-Straße abbiegt. Über die Bert-Brecht-Straße gelangt man entlang des **28** Äußeren Stadtgrabens (vorbei an der Kahnfahrt) zum **29** Unteren St.-Jakobs-Wasserturm am Gänsbühl. Von da aus geht man immer entlang des Äußeren Stadtgrabens – zunächst auf der Unteren Jakobermauer bis zum Jakobertor, und von dort entlang der Oberen Jakobermauer und der Vogelmauer bis zum **14** Wasserwerk am Vogeltor. Neben diesem mittelalterlichen Stadttor erinnert ein Wasserrad als technisches Denkmal an das einstige Wasserwerk.

Danach kommt man entlang der Forsterstraße und der Rembold-straße sowie der Grünanlagen am **15** Inneren Stadtgraben und des **13** Südlichen Stadtgrabens vor den Wallanlagen beim Roten Tor, vorbei am **7** Aquädukt des Wasserwerks am Roten Tor und am Ende ein kurzes Stück weit entlang der Rote-Torwall-Straße, zurück zum Ausgangspunkt, dem **8** Oberen Brunnenmeisterhaus.

Abstecher: Im Hof hinter dem Oberen Brunnenmeisterhaus stehen der Große und der Kleine Wasserturm sowie der Kastenturm und das Untere Brunnenmeisterhaus (siehe Fußweg 1 – circa 350 m einfach).
Tipp: Sowohl am Venezianischen Muschelbrunnen rechts vom Roten Tor als auch bei seinem Zwillingsbrunnen an der Schwedenstiege (an der Müllerstraße, gegenüber der Bert-Brecht-Straße) kann man sich erfrischen. Beide Brunnen spenden kostenlos Trinkwasser.
Karte: Siehe Umschlag hinten (innen)

*Auf der Spickelstraße radelt man am Wasserwerk am Hochablass vorbei zum nahen Lechstauwehr.*

## Wege zur Wasserwirtschaft: viermal per Rad

Drei Radtouren entlang des Lechs führen in den Stadtwald Augsburg, auf die Wolfzahnau oder an den Nördlichen Lechkanal. Eine vierte Route verläuft entlang der Wertach durch Augsburg.

### Radtour 1: Vom Wasserwerk am Roten Tor über die Pulvermühlschleuse zum Hochablass (circa 4,8 km)

Diese Route beginnt an der Spitalgasse vor dem 8 Oberen Brunnenmeisterhaus des Wasserwerks am Roten Tor: Um in den Stadtteil Spickel zu kommen, biegt man zunächst links in die Rote-Torwall-Straße ein. Man überquert sie und gelangt auf die rechte Straßenseite. Dort biegt man gleich rechts in die Baumgartnerstraße ein, der man bis zu ihrem Ende folgt. Hier überquert man die Inverness-Allee über die Fußgänger- und Fahrradbrücke und biegt scharf rechts in die Professor-Steinbacher-Straße ein. Dort beginnt der Siebentischwald und damit das Gebiet der 1 Quellbäche und Kanäle im Stadtwald.

Man folgt dem Radweg in den Siebentischwald und biegt dort links in den Dr.-Ziegenspeck-Weg ab, der zwischen Zoo und Botanischem Garten hindurchführt, kreuzt an dessen Ende die Siebentischstraße und fährt kurz rechts, anschließend gleich wieder links bis zum Ende des Radwegs über die Spickelwiese. Danach radelt man geradeaus in die Waldfriedenstraße, biegt danach links in die Spickelstraße ein und fährt bis zur 5 Pulvermühlschleuse am Damaschkeplatz. Durch

*Auf dem Hochablass müssen Radfahrer absteigen und schieben. Dafür genießen sie die Aussicht auf den Lech. Bei der Bastion am Roten Tor kann man Fahrräder für Touren zum Wasser leihen (unten).*

die Spickelstraße zurück gelangt man wieder in den Siebentischwald und folgt dieser Straße – vorbei am historischen **3** Wasserwerk am Hochablass – weiter bis zum **2** Hochablass. Dort sollte man sich die Aussicht vom Fußgängersteg auf den Lech nicht entgehen lassen.

**Tipp:** An der Rote-Torwall-Straße bei der Freilichtbühne findet man eine Fahrradverleihstation von „Nextbike": Die Leihe erfolgt rund um die Uhr per App, Hotline oder direkt am Terminal. Instruktionen an der Verleihstation oder unter www.nextbike.de.
**Karte:** Siehe Umschlag vorn (innen)

*Auf der Wolfzahnau radelt man anfangs am Proviantbach entlang, der sich dann bald mit dem Stadtbach vereinigt.*

## Radtour 2: Vom Hochablass zum Wasserkraftwerk auf der Wolfzahnau (circa 8,2 km ohne Rückweg)

Diese Route beginnt am 2 Hochablass. Vom Stauwehr aus fährt man über die Spickelstraße (am westlichen Lechufer) zum 3 Wasserwerk am Hochablass. Über die Straße Am Eiskanal kommt man zur Fahrradstrecke am Lech. Am westseitigen Lechufer fährt man weiter auf der geteerten Strecke bis zur Friedberger Straße (Unterführung) und anschließend auf einem unbefestigten Radweg rund fünf Kilometer flussabwärts. Kurz nach der Unterführung bei der MAN-Brücke (Berliner Allee) biegt man rechts in die Franz-Josef-Strauß-Straße ein und folgt der schmalen Teerstraße bis zu ihrem Ende, entlang des Proviantbachs und bald begleitet vom Vereinigten Stadt- und Proviantbach, der hier breit wie ein Fluss strömt. Dort steht man vor dem 35 Wasserkraftwerk auf der Wolfzahnau (bei Führungen zugänglich).

Abstecher: Vom Hochablass ist es nicht weit zu den idyllischen Radwanderwegen im Stadtwald Augsburg. Nicolas Liebig, der Leiter des Landschaftspflegeverbands Stadt Augsburg (LPV), hat diese Routen in seinem Taschenbuch „Stadtwald Augsburg. Rad- und Wanderführer zu Quellbächen, Lechkanälen und Lechheiden“ beschrieben.
Tipp: Vom Hochablass sind es wenige Meter zum Kuhsee, der aus einem Altarm des Lechs vor dem Stauwehr entstanden ist. Dort kann man sich am Badestrand erfrischen oder ein Ruderboot ausleihen.
Karte: Siehe Umschlag vorn (innen)

*Der Blick vom östlichen Ufer des Lechs auf das Oberwasser des Hochablasswehrs. An der Westseite der Lechbrücke in Gersthofen personifiziert eine moderne Skulptur den uralten „Vater Lech" (unten).*

### Radtour 3: Vom Hochablass bis zum Wasserkraftwerk und Lechmuseum Bayern in Langweid (circa 19,3 km)

Auch hier beginnt die Route am **2** Hochablass, allerdings am rechten (östlichen) Ufer an der Oberländer Straße. Man fährt auf dem Fahrradweg flussabwärts, bis man nördlich von Augsburg in Gersthofen an der Gersthofer Straße auf der dortigen Lechbrücke an das westliche Ufer des Lechs wechselt. Hier lohnt sich ein kurzer Blick auf die stadtseitige kleine Grünanlage an der Brücke: Dort steht auf einem

*Am Lech entlang führt die Radtour vom Hochablass bis zum Wasserkraftwerk Langweid. Diese Tour kann bis Meitingen oder gar Thierhaupten verlängert werden.*

L-förmigen steinernen Sockel eine moderne Skulptur: Die Details an diesem bronzenen Kopf verraten, dass sie den Lech verkörpert.

Ab der Lechbrücke radelt man auf dem Kanaldamm zwischen dem Flussbett und dem **37** Nördlichen Lechkanal nördlich der Augsburger Stadtgrenze weiter, linker Hand geht es nach nur wenigen Minuten

*Vom Autoverkehr völlig ungestört radelt man auf dem Damm des Lechkanals bei Langweid (unten). Auf der Dammböschung entdeckt man eine artenreiche Fauna und Flora mit teils selten gewordenen Spezies.*

am 38 Wasserkraftwerk Gersthofen vorbei. Man folgt diesem Damm weiter nach Norden bis zum 39 Wasserkraftwerk Langweid. Um zum dortigen Lechmuseum Bayern zu kommen, wechselt man über die Rehlinger Straße (vor dem Wasserkraftwerk) auf das linke (westliche) Ufer des breiten Treibwasserkanals. Nach wenigen Minuten Weiterfahrt kanalabwärts kommt man bereits zum Eingang des Wasserkraftwerks in Langweid, das auch das Lechmuseum Bayern beherbergt.

**Abstecher 1:** Wenn man vom Wasserkraftwerk Langweid weiter auf dem Fahrradweg kanalabwärts in Richtung Meitingen fährt, erreicht

*Das Kraftwerk in Langweid ist das Ziel dieser Tour. Wer die Route verlängert, kommt an der Brücke nahe Thierhaupten an der Figur des „Vater Lech" (unten) vorbei.*

man über die Lechaustraße (Ecke „Am Lechkanal") das **40** Wasserkraftwerk Meitingen, das letzte am Lechkanal (zusätzlich 6,5 km).
Abstecher 2: Mehr als sechs Kilometer länger wird der Weg, wenn man kurz nach Meitingen über die Lechbrücke auf das östliche Ufer wechselt und das **41** Klostermühlenmuseum Thierhaupten ansteuert.
Tipp 1: Im Juni blüht das Taglilienfeld in den Lechauen bei St. Stephan: ein einzigartiges Naturschauspiel auf der östlichen Seite des Lechs, für das sich der kurze Abstecher vom Weg lohnt.
Tipp 2: Auch ein Abschnitt des Fernradwanderwegs der Via Claudia Augusta verläuft hier auf dem Radweg entlang des Unteren Lechs und des Nördlichen Lechkanals.

*Auf der Wertachtour radelt man entlang des Flusses, dem Sanierungsmaßnahmen des Wasserwirtschaftsamts eine naturnahe Anmutung gegeben haben.*

## Radtour 4: Entlang der renaturierten Wertach durch die Großstadt bis zur Mündung in den Lech (circa 15,0 km)

Der einst wilde Gebirgsfluss Wertach entspringt im Oberallgäu. Der seit seiner Begradigung ab dem 19. Jahrhundert nur noch rund 145 Kilometer lange Fluss mündet knapp vor der nördlichen Stadtgrenze von Augsburg – am Ende der Wolfzahnau – in den Lech. Kurz vor der Mündung nimmt die Wertach das Wasser des Senkelbachs und damit alles Wasser des 36 Singoldkanals und der Wertachkanäle auf.

Im Stadtgebiet von Augsburg verläuft der letzte, rund 15 Kilometer lange Abschnitt der ausgeschilderten Wertachradtour. Der Ausgangspunkt dieser Route entlang des ehemaligen Wildflusses bis zu seiner Mündung ist – nördlich von Bobingen – die Staustufe Inningen. Nur ein kurzes Stück weiter wertachabwärts (ab Flusskilometer 13,5) ist nicht zu übersehen, dass sich der noch vor wenigen Jahren zwischen enge Dämme eingezwängte Fluss in ein naturnahes Gewässer mit deutlich breiterem Bett verwandelt hat. Abgeflachte Uferzonen – dazwischen immer wieder ausgedehnte Kiesbänke – geben der Wertach annähernd wieder das „Gesicht" eines Gebirgsflusses. Diese Verbesserung ist dem vom Wasserwirtschaftsamt Donauwörth mit großem Aufwand umgesetzten Flusssanierungsprojekt „Wertach vital" zu verdanken. Die dazu notwendigen Arbeiten wurden nach einem katastrophalen Wertachhochwasser, das 1999

*Das letzte Stück der Tour führt entlang der Wolfzahnau exakt bis zum Mündungsdreieck von Lech und Wertach.*

größere Gebiete der westlichen Stadtteile von Augsburg flutete, umgesetzt. In Abschnitten wurde respektive wird die Wertach, die ein Stück weit nah am Stadtzentrum von Augsburg vorbeifließt, saniert. Auf dem Wertachdamm radelt man am Wasserkraftwerk am Ackermannwehr und circa drei Kilometer weit nördlich am Kraftwerk am Wertachkanal (jetzt ein Denkmal des UNESCO-Welterbes) vorbei.

Das letzte Stück der Route verläuft entlang der Wolfzahnau: Am Ende dieser Halbinsel im äußersten Norden des Stadtgebiets radelte man bereits in der Zeit vor „Wertach vital" am urwaldähnlichen Auwald auf dem Westufer der Landzunge vorbei. Wo die Wertach schließlich in den Lech mündet, kann man ein Naturschauspiel beobachten: Hier ist das bräunliche Wasser der Wertach noch einige hundert Meter weit deutlich vom grünlichen Wasser des Lechs zu unterscheiden.

**Abstecher 1:** Knapp vor dem Ackermannwehr lohnt der Weg auf der Wellenburger Straße stadtauswärts durch die zwei Kilometer lange, von alten Linden gesäumte Wellenburger Allee.
**Abstecher 2:** Ebenfalls kurz vor dem Ackermannwehr lohnt der Weg auf der Wellenburger Straße stadteinwärts bis zur Apprichstraße. Am Singold- und am Fabrikkanal (bei der Hessingburg und bei der einstigen Zwirnerei und Nähfadenfabrik Göggingen) sieht man drei stromerzeugende Kleinkraftwerke – zwei gehören zum UNESCO-Welterbe.
**Tipp:** Entlang dieser Radstrecke sind mehrere QR-Codes angebracht, die auf Kurzfilme zur Wertach hinweisen.
**Karte:** Siehe Umschlag vorn (innen)

# Spaß im und am Wasser

## Baden gehen in und an Augsburgs Flüssen und in den Industriekanälen

*Wenige Schritte vom Lech beim Hochablass (unten) entfernt ist mit dem Kuhsee ein 19 Hektar großer Badesee mit gepflegten Liegeflächen entstanden.*

## Baden in Kanälen, an Lech und Wertach

Augsburgs Wasserreichtum hat im Sommer einen angenehmen Nebeneffekt: Mitten in der Stadt ist ein Sprung in das kühle Nass möglich, was schon die Augsburger früherer Jahrhunderte – gut dokumentiert – genossen. Ein Kupferstich von 1677 überliefert, wie sich junge Männer im und am Schwallech vergnügten – Nacktbader, vor den Augen der Waschweiber und vor dem Kloster St. Ursula.

Mitten im Lechviertel badet heute niemand mehr. Doch selbst in der starken Strömung des Hauptstadtbachs – neben der viel befahrenen

*Sichere Schwimmer wagen sich in die Kanäle – in den Hauptstadtbach neben einer viel befahrenen Straße ebenso wie in den benachbarten Herrenbach (unten).*

Friedberger Straße – kann man ebenso schwimmen wie im angrenzenden „Fribbe" (Siebentischstraße 4): Rund 300 Meter lang zieht sich der Kaufbach – die Verlängerung des Hauptstadtbachs nach der Pulvermühlschleuse in Richtung Lechviertel – durch dieses seit 1893 bestehende familiengerechte Freibad.

Bei der Pulvermühlschleuse gibt der Hauptstadtbach Wasser an den Herrenbach ab. Folgt man diesem Industriekanal in Richtung Norden, stößt man mitten im Herrenbachviertel auf einen von Bäumen und Büschen umgebenen Kanalabschnitt, der geübte Schwimmer ebenfalls zum Sprung ins erfrischende Lechwasser verlockt.

*Das Sanierungsprojekt „Wertach vital" hat diesen Fluss wieder zum beliebten Badegewässer werden lassen. Geschwommen wird auch im Fabrikkanal bei der einstigen Zwirnerei und Nähfadenfabrik Göggingen (unten).*

Auch beim Unterwasser des Hochablasses liegen als Badestrand beliebte Kiesbänke im Lech. Sonnenbaden auf den Kiesbänken ist das eine: Etwas anderes ist ein Bad im Fluss, das ebenfalls nur für sehr geübte Schwimmer, und auch das nicht überall, zu empfehlen ist. Die Wasserkraft des Lechs kann an harmlos wirkenden Stauschwellen zur tödlichen Gefahr werden. Wo das Lechwasser über eine der zumeist nicht einmal einen Meter hohen Schwellen strömt, entstehen sogenannte Wasserwalzen. Wo das Wasser auf den tiefer liegenden Wasserspiegel prallt, zieht die Rückströmung selbst sehr gute Schwimmer nach unten.

Gebadet wird am Lech trotzdem an etlichen Stellen in der Großstadt: Beliebte „Strände" sind zum Beispiel Kiesbänke beim Stadtteil Lechhausen, beim nördlich angrenzenden Stadtteil Hammerschmiede oder auch bei der Wolfzahnau nahe dem Mündungsdreieck von Lech und Wertach. Einen familiengerechten und sicheren Strand bietet jedoch der Kuhsee beim Hochablass, dem beste Wasserqualität attestiert wird. Der Kuhsee liegt am östlichen Ufer des Lechs: Er entstand aus einem früheren Flussarm des Lechs, als für Hochwasserdämme am Fluss Bodenmaterial ausgehoben wurde: Der 19 Hektar große See ist bis zu fünf Meter tief. (Zum Parkplatz beim Kuhsee fährt man über die Oberländer Straße beziehungsweise über die Mittenwalder Straße).

Dem Flusssanierungsprojekt „Wertach vital" ist es zu verdanken, dass Kiesbänke und naturnahe Ufer der Wertach zum Baden und zum Sonnenbaden genutzt werden können. Auch in den Kanälen der Wertach wird gern geschwommen – beispielsweise im Fabrikkanal kurz vor der ehemaligen Zwirnerei und Nähfadenfabrik in Göggingen.

Tipp 1: Viele Informationen zum Baden in Augsburgs Flüssen und Seen (auch zu weiteren Naturfreibädern und Badeseen) findet man unter www.augsburg.de/freizeit/baden/fluesse-und-seen/.
Tipp 2: Badeverbote sind unbedingt zu beachten. Auf den Kiesbänken in den Flüssen ist generell Vorsicht geboten, weil dort immer wieder einmal Glasscherben oder auch scharfkantige Metallteile liegen.

*Die Badeverbote an Augsburgs Flüssen und Kanälen (wie hier am Eiskanal) sind unbedingt zu beachten.*

*Lechhausen wurde vom Lech und von der Lechflößerei geprägt. Direkt über dem Lechufer ist der Flößerpark ein beliebtes Ziel für Familien – wo sich Kinder und Eltern mit Vergnügen gegenseitig nassspritzen (unten).*

## Wasserspiele am Lechhauser Lechufer

Lechhausen ist Augsburgs einziger Stadtteil mit dem Lech im Namen. Der Stadtteil liegt östlich des Flusses, weshalb das frühere Dorf lange nicht zu Augsburg, sondern zum angrenzenden Altbaiern gehörte. Im Jahr 1900 wurde Lechhausen sogar zur Stadt, aber 1913 nach Augsburg eingemeindet. Das von Gewerbe geprägte Lechhausen ist zwar kein „klassischer" Tourismusort, doch lohnt sich der Weg zu zwei Zielen direkt am Fluss. 2019 wurde am Lechufer der Flößerpark eröffnet – ein Ort für Familien mit Kindern, der an heißen Sommertagen

*Beim Flößerpark zeigt sich der Lech noch als Wildfluss. Ein paar Schritte weiter erinnert der Flößerbrunnen (unten) an die ehemalige Lechhauser Floßlände.*

längst auch Besucher der Stadt anzieht. An einem Wasserspielplatz kann der Nachwuchs sich gegenseitig (oder die Eltern) nassspritzen, mit Sand und Wasser „matschen" oder sich an einer bunten Kletterwand austoben. Nur etwa fünf Gehminuten vom Flößerpark entfernt erinnert der 1966 aufgestellte (jederzeit zugängliche) Flößerbrunnen – ein Bronzekunstwerk des Augsburger Bildhauers Theo Bechteler – im Hof der Schillerschule an die einstige Lechhauser Floßlände.

» **Radetzkystraße, Kulturstraße** | An der Lechhauser Straße, zwischen der Radetzkystraße und dem Lech, liegt der Flößerpark in einer Grünanlage am Flussufer. Über die angrenzende Kulturstraße kommt man zum Innenhof der Schillerschule und damit zum Flößerbrunnen.

# Literatur

Baur, Albert: Historische Entwicklung der Wasserspeicherung, in: Historische Wassertürme, Beiträge zur Technikgeschichte von Wasserspeicherung und Wasserversorgung, München 1985

Burgner, Wilfried: Karl Albert Gollwitzer 1839–1917. Ein Augsburger Baumeister, Architekt und Visionär (Hg.: Architekturmuseum Schwaben), Augsburg 2004

Clasen, Claus-Peter: Die Augsburger Getreidemühlen 1500–1800. Studien zur Geschichte des bayerischen Schwaben, Bd. 27, Augsburg 2000

Diemer, Dorothea: Die große Zeit der Münchner und Augsburger Bronzeplastik um 1600, in: Bella Figura. Europäische Bronzekunst in Süddeutschland um 1600, München 2015

Diemer, Dorothea: Hubert Gerhard und Carlo di Cesare del Palagio: Bronzeplastiker der Spätrenaissance, Bd.1, Berlin 2004

Diemer, Dorothea: Der Augustusbrunnen – seine Bedeutung, sein Bildhauer Hubert Gerhard und seine künstlerische Entstehung, in: Der Augustusbrunnen in Augsburg, München 2003

Emmendörffer, Christoph: Adriaen de Vries. Augsburgs Glanz – Europas Ruhm, in: Adriaen de Vries 1556–1626. Augsburgs Glanz – Europas Ruhm, Augsburg 2000

Emmendörffer, Christoph: Der Herkulesbrunnen, in: Adriaen de Vries 1556–1626. Augsburgs Glanz – Europas Ruhm, Augsburg 2000

Emmendörffer, Christoph: Der Merkurbrunnen, in: Adriaen de Vries 1556–1626. Augsburgs Glanz – Europas Ruhm, Augsburg 2000

Ganser, Karl: Industriekultur in Augsburg. Pioniere und Fabrikschlösser, Augsburg 2010

Groos, Walter: Beiträge zur Topographie von Alt-Augsburg, Bericht der Naturforschenden Gesellschaft Augsburg, Bd. 21, Augsburg 1967

Häußler, Franz: Wasserkraft in Augsburg, Augsburg 2015

Häußler, Franz: Siebenbrunn. Augsburgs wasserreicher Stadtteil, Augsburg 2013

Häußler, Franz: Augsburgs historisches Wasserwerk. Ein einzigartiges Technikmuseum, Augsburg 2010

Hagen, Bernt von; Wegener-Hüssen, Angelika: Stadt Augsburg. Ensembles, Baudenkmäler, archäologische Denkmäler, Denkmäler in Bayern, Bd. 83, München 1994

Hoffmann, Albrecht: Zum Stand der städtischen Wasserversorgung in Mitteleuropa vor dem Dreißigjährigen Krieg, in: Die Wasserversorgung in der Renaissancezeit, Geschichte der Wasserversorgung, Bd. 5, Mainz 2000

Keller, Erwin u.a.: Die Römer in Schwaben. Arbeitsheft 27, Hg. Bayerische Landesamt für Denkmalpflege, München 1985

Kießling, Hermann: Die Brunnentrias in der „Königlichen Straße“, in: Augsburger Brunnen, Augsburg 1989

Kluger, Martin: Wasserbau und Wasserkraft, Trinkwasser und Brunnenkunst in Augsburg. Die historische Augsburger Wasserwirtschaft und ihre Denkmäler im europaweiten Vergleich, Augsburg 2013

Kluger, Martin: Historische Wasserwirtschaft und Wasserkunst in Augsburg. Kanallandschaft, Wassertürme, Brunnenkunst und Wasserkraft, Augsburg 2012

Kluger, Martin: Der Lech. Landschaft. Natur. Geschichte. Wirtschaft. Wasserkraft., Augsburg 2011

Kollmann, Franz Joseph: Die Wasserwerke von Augsburg. Beschreibung aller hydrotechnischen Anstalten der Stadt, des Lech- und Wertachablasses, der Kanäle, Brunnen etc. mit den wichtigsten baupolizeilichen Bestimmungen. Nebst einer Ansicht des Lech-Ablasses und hydrographischen Karte von Augsburg und seinen Umgebungen, Augsburg 1850

Kollmann, Franz Joseph: Der Lech-Ablaß bei Augsburg. Eine monographische Skizze mit Hinblick auf die sämmtlichen hydrotechnischen Anstalten der Stadt Augsburg., Augsburg 1839

Kuby, Ferdinand: Die Brunnenwerke und neuen Trinkwasser-Verhältnisse der Stadt Augsburg, Augsburg 1881

Liebig, Nicolas: Stadtwald Augsburg. Rad- und Wanderführer zu Quellbächen, Lechkanälen und Lechheiden, Augsburg 2015

Loibl, Richard: Die Industriestadt Augsburg um 1900, in: Industriekultur in Bayern, Edition Bayern (Hg.: Haus der bayerischen Geschichte), Sonderheft 05, Augsburg 2012

Meyer, Christian (Hg.): Die Hauschronik der Familie Holl (1487–1646) insbesondere die Lebensaufzeichnungen des Elias Holl, Baumeisters der Stadt Augsburg, München 1910

Oelwein, Cornelia: Die Geschichte der Fischerei in Schwaben, Augsburg 2005

Rapp, Robert: Die Wertach. Flussentwicklung an der unteren Wertach. Gestern. Heute. Morgen., Augsburg 2012

Roeck, Bernd: Der Brunnen der Macht, in: Der Augustusbrunnen in Augsburg, München 2003

Ruckdeschel, Wilhelm: Industriekultur in Augsburg. Denkmale der Technik und Industrialisierung, Augsburg 2004

Ruckdeschel Wilhelm: Kraftwerke, Mühlen, Wassertürme, Technische Denkmale im Landkreis Augsburg, Augsburg 1998

Ruckdeschel, Wilhelm: Modelle künstlicher „Wasser-Machinen". Drei Funktionsmodelle aus dem Maximilianmuseum Augsburg, in: Zeitschrift des Historischen Vereins für Schwaben, Bd. 81, Augsburg 1988

Ruckdeschel, Wilhelm; Luther, Klaus: Technische Denkmale in Augsburg. Eine Führung durch die Stadt, Augsburg 1984

Steinhäußer, Fritz u.a.: Hydrographische Verhältnisse, in: Augsburg in kunstgeschichtlicher, baulicher und hygienischer Beziehung. Festschrift den Teilnehmern an der 15. Wander-Versammlung des Verbandes Deutscher Architekten- und Ingenieur-Vereine gewidmet von der Stadt Augsburg, Augsburg 1902

Werner, Anton: Die Wasserkräfte der Stadt Augsburg im Dienste von Industrie und Gewerbe. Historisch-statistisch beschrieben, Augsburg 1905

Voch, Lukas: Strombau an dem Lech und Wertach, oder Beschreibung der Packwerken, Archen und Kästen, wie auch einigen Wasserwehren, wie solche in beyden Flüssen erbauet worden sind., Augsburg 1778

Wirth, Johann Christian: Augsburg wie es ist!: Beschreibung aller Merkwürdigkeiten dieser altberühmten Stadt mit Bezug auf Kunst, Handel, Fabriken, Gewerbe etc., Augsburg 1846

Zettl, Rupert: Lechauf-lechab: Wissenswertes, Liebenswertes, Augsburg 2002

# Bildnachweis

Titel: Martin Kluger (3)

Rücktitel: Martin Kluger (4)

Fotos Inhalt: Sämtliche Fotografien in diesem Buch stammen von Martin Kluger mit Ausnahme von

Dennis Barth: S. 37 (1/u.)

Thomas Baumgartner: S. 15 (1/r., m.), 20 (1/u.)

Hajo Dietz/Luftbild Nürnberg: S. 82 (1/o.), 107

Staatliches Textil- und Industriemuseum Augsburg (tim)/Volker Mai: S. 74 (1/o.)

# Impressum


Wege zum Welterbe Wasserwirtschaft

Das UNESCO-Welterbe in Augsburg.
Denkmäler, Fußwege und Radtouren

Martin Kluger
Hrsg.: Regio Augsburg Tourismus GmbH

context verlag Augsburg
ISBN 978-3-946917-16-8
1. Auflage, September 2019

Grafische Gestaltung:
concret Werbeagentur Augsburg

Druck:
Senser Druck GmbH Augsburg

Bibliografische Information der Deutschen Bibliothek: Die Deutsche Bibliothek verzeichnet diese Publikation in der Deutschen Nationalbibliografie, detaillierte bibliografische Daten sind im Internet über http://dnb.ddb.de abrufbar.

ISBN 978-3-946917-16-8





www.context-mv.de